U0144597

職場專門店

安心的委託裝修工程

裝修達人
王乙芳 著

中古屋翻修與裝修材料的選配

從委託工程開始，
作者一步步打造裝修認知的階梯，

用簡白文字將影響你未來對於處理住家裝修的得當與否的專業知識清楚地傳授，讓你也能輕鬆入門，不再擔心花了冤枉錢！

目錄
CONTENTS

參、工程估價單的內容分析

肆、建築物的營造與修繕

伍、建築物營造與裝修介面

陸、材料的適用

序 言

因「公設比」的不斷提高，造成很多人選擇翻修中古屋，以改善居住空間與品質。相對於新建築物一坪動輒20、30萬起跳，而其中有三分之一的錢是浪費在所謂的「公共設施比例」，用更少的錢翻修舊宅，相對的獲取更大的居住空間，確實是都會人不得不做的選擇。

所謂公共設施包含以下這些不屬於私人使用的範圍：

公共設施

公寓大廈的公共設施部分即指其共用部分，包括住户共同使用之設施，如樓梯間、電梯間、梯廳、屋頂突出物、共同出入口及門廳、管理員室、防空避難設備、裝卸停車空間、機電設備空間及社區居民使用的活動中心等；但不包括約定共用部分的面積。

這些公共設施，不能責怪建商故意灌水，有些是內政部的規定、有些是消防署的規定，不想在這裡分析這些法令規定，免得你看不下去。

圖0-1　大廳的公共設施

舊房舍修繕有一定的法規適用，當選擇準備修繕房子，對於正確的委託請領建照、工程設計、工程施工，最好能有一些基本的概念。我們對於「蓋房子」都有請領「建照」的印象，但對於修繕房子要請領的建照可能比較陌生。依據《建築法》規定：

第九條　本法所稱建造，係指左列行爲：

一、新建：爲新建造之建築物或將原建築物全部拆除而重行建築者。

二、增建：於原建築物增加其面積或高度者。但以過廊與原建築物連接者，應視爲新建。

三、改建：將建築物之一部份拆除，於原建築基地範圍內改造，而不增高或擴大面積者。

四、修建：建築物之基礎、樑柱、承重牆壁、樓地板、屋架或屋頂、其中任何一種有過半之修理或變更者。

圖0-2　建築物外觀拉皮屬於裝修行為

通常，一般所謂的中古屋翻修，所需請領的建築執照為「增建」、「改建」、「修建」執照。其中的修建執照，主管部門還沒有發照的經驗，最有可能的是「增建」與「改建」。建築物的增建與改建申請，一般只可能發生在獨棟或「透天」的建築物。公寓及集合型大樓住宅，因土地持分小、建築物共用結構，所以不太可能進行結構性翻修行為。

建築物的「增建」行為已經不能算是單純的裝修工程，雖然他可以併案申請裝修；但除非緊急的商業場所，多數會分開施工。

建築物的外觀拉皮，不屬於建照的一部分，他原本就屬於一種裝修工程的行為，在現有的法規上，不需要申請任何建照。當翻修舊屋時，只是涉及房屋外觀的「敷貼面材」的改變，因未更動建築結構，這部分也都只屬於裝修行為，這是包含在「室內設計」的一部分。

修繕房子，相信是每個人一輩子都有可能碰觸到的事，既然是人生都會遇到的「食衣住行」，就用平常心去看他。面對房子必須整修的現實；面對居住環境改善的問題；面對如何在裝修過程當中，讓自己快樂的當個裝修主人。

台灣有句俗話說：「請人客，沒閒一工；起茨沒閒一冬；娶細姨，沒閒一世人。」裝修一個合宜的住家環境，在古代是一家族的百年大事，用一年的時間去忙也是值得的。現代人經營一個住家，也最少關係自己的生活優渥與否；或者可能還關係一家三代人口，用點心是值得的。裝修工程很少需要用到「一冬」那麼長的時間，或者三、兩個月；多者半年，這當中，你自己對於這個行業的了解，你對於行業的專業認識，會影響你委任的裝修業者，也就影響你未來對於處理住家裝修的得當與否，這些事，正確的獲得一些專業知識，肯定比一無所知來得好。

壹、如何安心的委託工程給承攬人

1-1　專業施工管理要做的事

（一）工程專業分工與施工介面管理

除非使用「鋁木」之類的裝修面材，只要動到天花板、隔間，就會動用木工、電匠、油漆工；並且會損及牆壁，增加另一筆工程費用。地板如果為翻修，就有可能需動用到拆除、防水、泥匠、木匠或石匠，而電視牆也有可能。

可能就較少人會以為改裝一間浴室是小工程；但還是有那種業主會以為那是「小事」，目的就是要把他委託的工程說的很簡單，像紙糊的那麼簡單。以為這樣方便殺價，也表示自己對工程不外行；這才是真外行，而這種人會讓正牌的設計師討厭。

如果你正想幫你家改裝一間浴室，我「簡單」來幫你介紹一下他可能的施工流程。依據現行的《建築物室內裝修管理辦法》，改裝浴室一定需要做室內裝修審查；最新法令規定，連更動一個電源插座都需由專業技師簽證。先不管你改裝的浴室要不要申請室內裝修審查，這裡先就實際可能的施工項目與程序做個介紹，以方便你對裝修工程施工管理的專業有一個基本印象：

圖1-1-1　把浴缸拆掉及更換老舊瓷磚，是很多人改裝浴室的動機

1. 拆除工程

要改裝浴室，多數會更新馬桶與牆面粉刷材料，如變更位置，還需要連隔間、門框等一併拆除。

2. 隔間

隔間可選擇紅磚、白磚、輕質預鑄牆板、輕隔間，當然也可以用木作以矽酸鈣板或水泥板隔間。隔間工程必須配合其他相關工程做二次施工，這個施工介面的整合就是一項很專業的工作。

3. 門窗

通常改裝浴室一定會更動門窗，門窗的大小、材質、安裝方式等，需有專業常識。舊門窗的更換，防水是一項很重要的工程，有很多的施工模式，需在施工前確認工法與材質，以便粉刷工程施工。

4. 水電配管路

如果不更改浴室的位置，改裝一間浴室就只是一些施工程序的問題，但如果變動位置，可能就不會很簡單。

除了透天及一樓之外，大廈及公寓的樓層板都是不能開挖配管的，所以，當浴室變更位置時，糞管及給排水配路會是一件大工程。糞管及排水管均有「洩水坡度」的問題，當位置更改的距離越長，相對的洩水坡度也就越高，而這是很多非專業的設計師，往往忽略的。

5. 地坪填補

配管路之後，地面一定需作架高處理，所以必須做灌漿回填，需注意確實填實，以避免可能的滲漏水及凹陷。

圖1-1-2　一般住家的浴室隔間還是以紅磚為主流建材

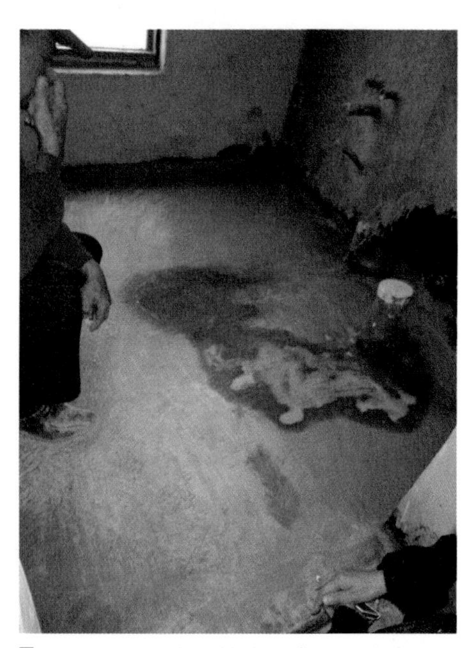

圖1-1-3　浴室的地排很常出現洩水坡度的問題

6. 粉刷工程

所謂「粉刷」工程，有就是指所有敷貼工程，包含石材、瓷磚、泥作工藝等。敷貼施工又分為乾式、濕式、軟底、硬底等。

7. 木作工程

如天花板、櫥櫃等。更大一點規模的，可能涉及「三溫暖」等設備工程。

8. 衛浴設備安裝

如浴缸、馬桶、洗臉盆、乾溼分離設備、花灑、三合一、五合一抽風機、化妝鏡組等。

圖1-1-4　粉刷面

圖1-1-5　最少也有個馬桶

以上這些工程都有專業施工，設備的選擇與施工發包可能都不是大問題，最大的問題在於介面管理。裝修工程是一種高度複雜的交叉工藝，這關係到很多工程介面的施工管理，要獲得一個完善的施工品質，並且符合工作效益，需對施工流程具有一定的專業能力。

（二）工程承攬與監工責任

我舉最近所遇到的一個案例：那是一個中古屋改裝的案子，約百來萬的工程，其中包含浴室改裝、更換門窗、木作、泥作、水電、塗裝，均委託統包。理論上這是很完整的裝修工程發包；但問題出在空調工程是由業主另行發包。

業主是找「足敢死」的那種電子專賣店承攬工程的，無疑的；那種店家一定會把工程轉給特約施工廠商。在配管之前，業主自己約好了施工廠商，現場溝通了安裝位置；但還是有一兩部沒一次確認完整。

因等待空調配管，工地的其他工程停頓等待，空調施工廠商約定早上進場施工的時間未到，到下午出現在工地的守衛室，然後跟業主打電話說：「你們工地現場沒人開門！」可能是當天我公司負責這案子的設計師，正好去接一個案子不方便接電話，業主最後打電話給我，質問我空調要去配管，但現場都沒人。

我回答業主必須跟我的專案設計師了解一下再回他電話。（公司負責這案子的人跟我說，時間是業主自己跟廠商約的，而且記得本來是約早上，當時也講好，要廠商直接跟守衛拿鑰匙自行進場施工。）

圖1-1-6　這是拆除狀況

圖1-1-7　木工都已經完成，還沒配冷氣排水管

我回業主電話，業主說空調廠商已經拿鑰匙進去了；但質問說：「但有別的廠商進去施工，我們沒空，你們公司不應該有人幫我們監工嗎？」

「我們沒空，你們公司不應該有人幫我們監工嗎？」這句話就是我要講的重點。

很多的業主為了省承包商的「監工管理費」；或是省被裝修公司賺一手，有一些工程會選擇另行發包。這些工程常出現的有：空調工程、衛浴設備、家具、擺設、燈具等，這些工程如果只是工程完工後的安裝，倒是沒什麼不當，但如果需有介面工程施工，很容易產生責任歸屬問題。

現在人幾乎很少安裝窗型冷氣機，而選擇分離式冷氣，不論是吊隱式或是壁掛式，都免不了需要做冷媒管配管工程。冷媒管配管路時，一定需要確認現場的室外機安裝位置、管路路線、室內機安裝位置、冷凝水排水配管，最後是管線的美化工程（在有裝修木作工程的配合時）。

圖1-1-8　空調廠商遲遲不來施作冷媒管及冷凝水排放管，木作先完成部分裝飾面板工程

這些安裝配管的作業確認，是由「發包人」負責，並不是由裝修工程的承攬人「概括」承受；除非在工程合約中明訂監工管理的範圍包含業主另行發包的項目，不然；主工程的承攬人，並無義務與責任負責業主自行發包的工程項目的監工與介面協調。所以，當業主自行發包的項目要進場

配合施工進度或施工介面時，其監工與施工管理的責任需由業主自行負責。

業主對於裝修公司都會有一種心態：「你們比較內行，順便幫我看一下我比較安心，又；我都給你賺那麼多錢了，你們應該提供這些服務的！」裝修業是一種服務性行業沒錯；但不是那種「管家」式的服務，他是一種有專業責任限制的服務。

當你自行發包空調工程給一個廠家，工程契約內容，承攬你裝修工程的人並不知道，你所需的工程質量，你的裝修承攬人也不知道。再者，這個工程不是裝修的主工程承攬項目，所以，在主工程的承攬估價單上就不會有這筆費用，也就等於這項「施工管理」的責任本來就不是主工程承攬人需要付出的。更何況，因不知業主與廠家的合約內容，在代位監管的情況下，如果依專業判斷，「同意」某些施工行為，因此而造成施工損失，會招惹不必要的責任。

1-2　裝修工程承攬人的養成與專業背景

專業的工程承攬人，他的養成背景應該是很不專業的，只能在工程管理上累積經驗。在大型的營造體系裡，基於培養專業能力，會針對工程估算、採購、施工管理等做專業分工培訓。這些專業養成經驗，都有可能造就擁有這其中部分專業的人轉行為裝修工程的專業承攬人。

建築營造工程的工程發包分業，與裝修工程工程分業與施工管理，有其工程規模與工程細膩度的差異。就好像由「機車」起家的日本動力車工業，其轉型為汽車工業時，在小客車的設計上，能用最經濟的空間容納汽車引擎。而以卡車起家的美國汽車工業，在小客車的生產設計上，一直沒辦法跳脫那種「粗曠」的感覺。

同樣的道理，除了單棟的私人建築物，大部分人所接觸的營造工程都是

圖1-2-1　一個大型的營造工程，光是這樣的砌磚牆，可能是圖片上的好幾十倍

有一定規模的建築工程。例如：一道1/2B的砌磚牆上，一面貼磁磚、一面為水泥砂漿粉光，在建築營造與裝修工程的分工上，就會產生專業工程的發包問題。

就上面的泥作工程而言（當然不是只有一道牆而已，但裝修工程可能是），營造專業分工可能如下：砌磚工、打粗底、防水、敷貼工、粉刷工、填縫工。但這些工序，在裝修工程的發包與施工行為上，是一個匠師可以全部完成的。

也就因為施工管理的經驗與專業角度不同，所以，並不是有管理大型工程的經驗，就對小型的裝修工程能輕易駕馭，他在工程領域上有不同的專業領域。這就跟很多建築師認為室內設計也是建築設計的一部分，他的專業高於一般的室內設計師，其實只是那張「牌照」算是正牌的；但專業領域還是不一樣*。

摒除營造體系的工程承攬背景，在現有裝修工程的工程承攬人，他可能的專業背景如下：

（一）設計者為承攬人

在多數的情況下，工程由設計者直接承攬是很普遍的現象，他的優缺點必須分析以下所存在的一些可能性：

1. 優點

因對整個工程的設計可以有效掌握，所以對於材料應用與設計風格可以

* 並沒有貶低營造工程施工管理的專業能力，只就專業分工的經驗去分析，在工程的施工單價分析上，營造工程比裝修工程體系更精準，但這些精準剛好是不能用在裝修工程施工估價上的，這就是專業領域上的不同。

有較精準的掌握，減少施工專業的溝通橋梁。

2. 缺點

設計者本身具有專業的施工管理能力時，可以有效的掌握施工流程與施工品質，相反的；當設計者對於工程估算與施工管理不到一定專業時，可能發生工程估算不確實，並因設計權掌握在自己的手裡，會權宜變更設計。

圖1-2-2　統包工程對整體工程的執行還是有他值得肯定的一面

（二）專業的承攬人

所謂「專業」的裝修工程承攬人，這裡指的是工程背景專業，而不是「專門」於承攬裝修工程的人。在論及「專業」這個定義時，是就裝修工程的「交叉工藝」的管理能力，並不一定是指承攬人需具有一專業技藝；有當然最好。

一個優質的專業承攬人，必須具備以下一些專業能力：有專業工藝技能、有工程施工管理的經驗、具有製圖與讀圖的能力、基本的法規常識、具工程估算分析能力、能與業主做有效的溝通，他並不是每個專業背景出身的人都能同時具有的。

裝修工程的專業承攬人所具有的專業背景，以木工居多，其次為泥作，他的養成過程大致如下：

1. 工匠有管理裝修工程的經驗

裝修工程是一種高度交叉工藝的行業，其中最重要的施工管理專業，就是不同作別的介面整合，這必須依賴現場的施工經驗而累積。工程承攬人如果經由這樣的工作經驗而成為工程專業承攬人，在施工管理上是一種優質的專業背景。

圖1-2-3　這是一個「二工」的現場，但因管理人不同所產生的現象

工匠經由管理工程而成為工程承攬人，在施工管理專業上多數具有一定的管理能力，能承攬工程，多數也具有工程估算的能力，讀圖是基本技能，但在溝通能力上，也許不像光鮮亮麗設計師那樣先讓業主有一種尊敬心。

2. **無工程管理經驗的工匠**

一般工匠從學徒而出師，是會具有一定的工程管理常識，但不見得就具有一定的施工管理能力。通常，他必須先有管理單一工種的工程經驗，進而管理整體的交叉工藝介面，如此才能成為一個完整能力的工程專業承攬人。

（三）類仲介承攬人

所謂「類仲介承攬人」與台語所說的「牽猴也」是有所區別的。這裡所說的這種工程承攬人，是實際擔任工程承攬；而「牽猴也」的角色，就只是一種工程仲介的角色。

台語之所以出現「牽猴也」這個名詞，跟生活常識有關。

古時候有很多江湖賣藝的商業行為，其中不乏胸口裂大石、吞劍、輕功、氣功等的表演，以招徠群衆。人潮就是錢潮，用這樣的行銷手法而招攬生意，算是一般常見的江湖賣藝手法，讓人看到一點本領。另一種江湖賣藝的方式：利用動物表演，其中最常見的就是「耍猴戲」。賣藥的人本身沒有可表演的本領，就只能利用被訓練過的猴子表演招來群衆，然後出一張嘴推銷膏藥。這個行銷過程當中，賣膏藥的人，被認為不學無術，只是把猴子牽出來表演，所以被稱之為「牽猴也」。

類仲介承攬與「牽猴也」不同的是；他承攬工程的目的，完全只是為了一種商業的仲介目的，沒有能力（實際工具與工匠）真正管理工程施工。而「牽猴也」的人，他是一種仲介行為，講正確一點，就只是一種「過水」的行為。

也真不好講這類商業行為，這種行為自古就存在，存在官場、存在民間，說穿了，就是吃相好不好看而已。在清朝某一時期的某一個皇帝，有一天發現一個大工程出現弊端，於是找了當朝宰相問話。這宰相也不是不食人間煙火的懵懂，但不能把話說的太明白。於是，他找人從議事殿外傳進來一塊冰塊。

圖1-2-4　廁所的外面還是景色宜人的

那冰塊老遠就可看到老大一塊，相信皇帝老爺也看到了，只是從門外傳進來的一塊冰塊，傳到皇帝面前，竟然不到一個拳頭大。這大臣很坦白的跟皇帝說：「聖上；您看在這傳遞冰塊的過程當中，有哪位大臣經手貪污的？」皇帝說：「看不出來！」

大臣說：「如皇上您看到的，一塊冰塊經過多人的手，沒有人動手去敲詐他，但在過手當中，是那塊冰塊自己消融一些、一些的。」

同樣的道理，任何工程，如果發包人想「省事」，那就不要心疼「銀子」。如果沒能力讓裝修工程的經費多次轉手，那請注意自己發包對象的專業承攬能力。

1-3　拿著「證照」當幌子的工程承攬人

專業證照制度在理論上是一種美意，但經過勞委會那些「委員」搞出來的檢定內容與方法，就很難與代表證照與專業畫上等號；尤其是室內裝修乙級技術士。

台灣現在的室內裝修業，內政部認定的專業證照為：建築物室內裝修設計專業技術人員、建築物室內裝修施工管理專業技術人員。這兩張證照：在民國93年以前，是依據《建築物室內裝修管理辦法》以工作年資資格，由已從事相關工作者，以培訓方式取得證照。

在此之前：不論這些人是否是行業的「專業人士」，最起碼，這些參與培訓的專業工作人員，有一定的工作年資，也都有一定的工作經驗。但之所以國之不國，一定有些妖孽產生，所謂「國之將亡、必出妖孽」。當所有的部門的公務員都認為自己只是一根小螺絲，鬆脫不會亡國，那離亡國之日就近了。我們這個行業的主管機關可能就出現這些「小螺絲」，而可能還是一整排。

本來就已經「不三不四」的一道《建築物室內裝修管理辦法》，經過一次、兩次、三次隨意修改，已經生命垂危（人民百姓的荷包），最後再來一記重拳。讀者可能搞不清楚我講這個辦法的修改與百姓有何關係，這才是重點。這個《辦法》對任何「專業」的管理，都是跟百姓的生命、財產有關。因為專不專業對裝修工程的執行影響公共安全，影響人民委託相關工程的安心；可惜，有些「法規」的目的只是一些不肖份子在玩法，完全罔顧人命，也罔顧百姓的權利，只為一己之私。

民國92年《建築物室內裝修管理辦法》的4次修定，增列：

第十六條　專業設計技術人員，應具下列資格之一：

一、領有建築師證書者。

二、領有建築物室內設計乙級以上技術士證，並經參加內政部主辦或委託專業機構、團體辦理之建築物室內設計訓練達二十一小時以上者。

第十七條　專業施工技術人員，應具下列資格之一：

一、領有建築師、土木、結構工程技師證書者。

二、領有建築物室內裝修工程管理、建築工程管理、裝潢木工或家具木工乙級以上技術士證，並經參加內政部主辦或委託專業機構、團體辦理之建築物室內裝修工程管理訓練達二十一小時以上者。其爲領得裝潢木工或家具木工技術士證者，應分別增加四十小時及六十小時以上，有關混凝土、金屬工程、疊砌、粉刷、防水隔熱、面材舖貼、玻璃與壓克力按裝、油漆塗裝、水電工程及工程管理等訓練課程。

可以這麼說：這一條文的增列，讓台灣室內裝修業進入一種災難。

截至民國104年為止，台灣以室內設計有關的大學系所有27所；但其中並沒有「裝修工程管理系」這樣的系所。說白話一點：現有的院校，所教出來的學生，不論其專業課程為何，就是沒有教「裝修工程施工管理」這樣的專業課程。

勞委會職訓局依據各類科技術人員檢定，一定會有相關的職訓課程；可以讓類科的檢定有立足點。問題是：職訓課程與現實職場的專業技能的實用功能？

在此一「證照」主義的前提下，沒取得乙級技術士證照無法參與技術人員培訓，也就不能開設裝修公司。於是：不論所學專業能力多寡，一切以考上證照為最高目標，然後拿來當幌子。

舉一個實際的例子（在我身邊所發生的實際案例）：

一對在新竹科學園區當工程師的夫婦，不知為何想轉換跑道；把當「室內設計師」當成目標。兩夫妻很認真的上補習班學透視圖、平面配置等工程圖的繪製技巧。為了順利取得「裝修工程設計乙級技術士」的證照，半年的時間日以繼夜認真學習手繪圖的技巧。

圖1-3-1　手繪透視圖　照片提供／九樺設計學院講師劉國華

皇天不負苦心人，真讓這對夫妻給順利取得乙級技術士的證照。當中指導他倆繪製透視圖的一個資深設計師，還很讚嘆的說：人家是真的努力學畫圖，現在是設計師了。

取得裝修工程設計乙級技術士，就等同是「室內設計師」？我敢說：在我的同業裡面問一百人，有一半以上會是否定的。

裝修工程的設計與施工管理，非常多的層面是靠經驗累積，專業的工程設計，不是只要會畫圖而已，而是在繪製圖面時，必須真的能掌握圖面上所表現的材料與工法、風格的完整性、動線配置與人體工學，但這在檢定過程當中並無法有效檢定相關能力，這些能力也不是在短短半年的時間內就能學習完成。

就因為檢定科目與命題方式有太多瑕疵，造成有實務經驗者考不到一張證照，而考取證照的，多數是填鴨式補習來的，這讓這張證照變成一種亂象。

這對竹科夫妻在取得那張乙級技術士的證照後幾個月，就自立門戶開設起室內設計公司。我沒有繼續追蹤後續發展，但我由衷祈禱消費者不要撞上門當白老鼠。也許有人真的天縱英明；但無論如何，我無法認同沒有實務經驗的人直接承攬裝修業務。

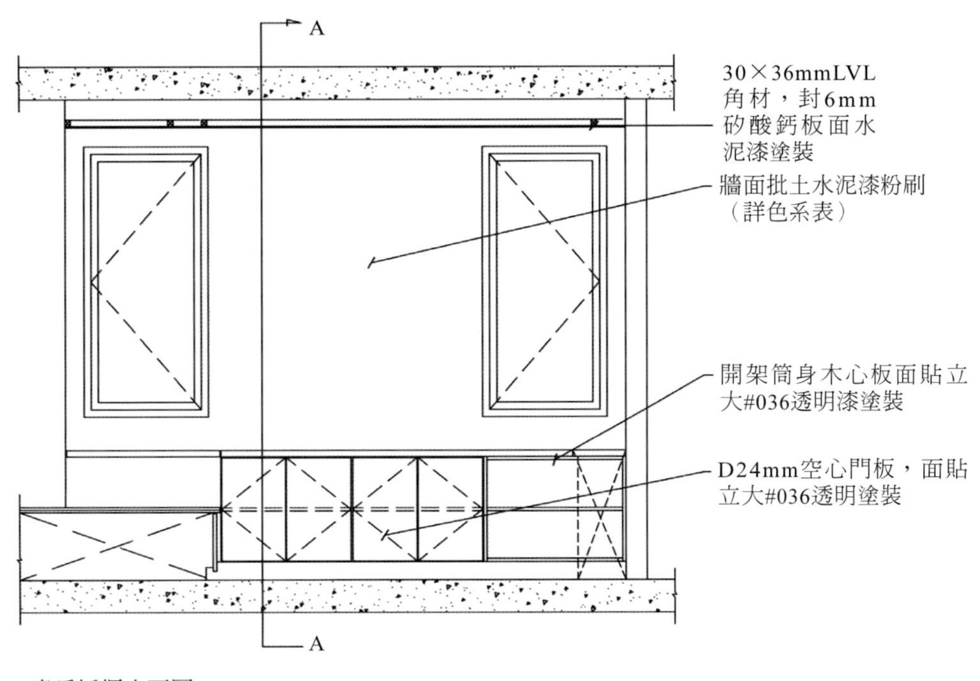

圖1-3-2　施工立面圖

1-4　如何安心的委託工程給承攬人

相信所有對裝修工程有需求的業主，都是誠心找一個可以安心託負工程與設計的人；但可惜，或網路信息、或耳濡目染、或生性使然，現在的裝修業主，比起20年前，反而不懂得尊重專業。

也許「貨比三家不吃虧」；但「貨」相不相同，很多人根本搞不清楚，多的是只看工程估算總價，這變成一種很惡性的循環。這種惡性現象，不能怪業界惡性競爭，而是業主不尊重專業、不懂專業所造成。

當業主在委託工程只以「價低」為目標時，他同時帶來的一定也是「低品質」的工程。而這個施工品質可能比政府招標的工程還糟糕，公家標案或可能還有機會變更設計以追加工程費；或官商勾結圖利廠商，這兩點都是私人發包不可能產生的，也因此，在將本求利的生意之道上，只能拿多少錢做多少事。

也許你認為我該譴責這種廠商，我認為；我更想譴責那種不良的業主。在我從事這個行業的幾十年過程當中，業主會自行發包裝修工程的，不外有下列一些人：

（一）很會算的業主

找設計公司繪製圖面，然後自己發包工程；這還算好的業主。但問題有兩種：

1. 沒有工程預算概念的設計

設計內容極盡創意發揮之能事，與工程預算相差十萬八千里，根本不可能在工程預算內執行。

2. 不專業的圖說

亂畫一通的設計圖，工程施工不盡規範，無法依圖估算；也無法依圖施工。這通常都是以建築設計概念所設計的圖紙，與裝修專業設計施工圖

圖1-4-1　真要照著法規走，這通道的寬度肯定過不了輪椅

有很大的差異。

這種狀況很糟糕，遇到不專業的工程承攬人，他可能沒發現施工圖的問題，照樣亂估一通。或遇到專業的工程承攬人，根本無從報價，只能將所有工程施作品質拉到最高做工程估算。

這種行為肯定無法獲得合理的工程報價。

（二）用手比口說的

在沒有施工圖的情形下，業主還停留在「裝潢」的印象，並自作聰明，他常發生這樣的事：

1. 以多報少、以假亂真

業主為了怕把工程品質及工程項目講的太清楚，承攬人會高估報價，常因此而故意把品質要求說的很一般，把工程施工項目只講個大概，這很容易造成日後工程驗收的認知問題，也可能一開始就存在想「坳」的心態。

2. 假裝很內行

與專業的人談專業，常一副比對方還內行的嘴臉，例如跟承攬人談論一坪天花板用幾根角材、幾塊板子、幾根釘子、抹幾兩白膠。這真的是沒必要的「內行」，工程不是只簡單的材料加工錢，這裡面還包含施工專業與承攬責任與風險。

如何把工程安心的委託一個專業承攬人，相信是所有業主所關心的問題，事實上；他也是所有「專業」承攬人所關心的問題。讓業主不要遇到居心不良的人；但同時，也希望業主不要把工程承攬人都當成是「工程報價的機器」。一份真正專業與合理的工程估價單的撰寫，不是數字遊戲，他需花費很多專業精神在裡面。

（三）對專業的心態

裝修工程行業裡面有沒有「壞蛋」？有！每個行業都又不肖份子，這防不勝防，這裡分析盡可能避開的方法。

在我出版的《燒香拜好神──台灣的節慶禮俗與祭祀文化》一書中，在〈論神〉的章節中我講了這樣一段話：

「神」是什麼？我說神是一股正氣，所以：不必「敬鬼神，而遠之」，如果祂不是一股「正氣」，那就應該遠離邪氣。

同樣的道理，你循正規的方式去發包一個裝修工程設計與施工，一些歪斜的業者就沒有承攬的機會，也就不容易發生欺詐行為。相反的：你心存欺瞞，你將招來欺瞞之徒。

1. 判斷

就現代的人心而言，如果沒有一些「依據」，真的無法去判斷一個人的真偽與專業。這不只是外行人的困擾，在我的行業專業都存在，也發生在我的身上。

因為升學率普級；也因長久以來士大夫觀念的影響，造成學習傳統技藝人才的斷層。這在很多行業都出現警訊，木作、泥作、塗裝、水電、鐵工、裝潢⋯⋯，很多專業工匠都面對青黃不接的窘況。因工匠的短缺、因網路資訊發達，工匠調度的模式產生一種新的方法。

圖1-4-2　一個工作，你會看到很多人在忙

裝修工程的規模極不穩定，這也造成施工班底養成的困難，不論哪種作別，常態上都只能維持一定基本的工匠員額，這也就是所謂的「養工人」。所謂「養工人」的意思是：維持基本工額的穩定工作量，以維持營

運所需的基本工匠，以利工程調度。

但裝修工程的型態百變，如以服務為宗旨，那又是很零零碎碎，需有基本工匠調度，這種工作調度是可以依據工程緊鬆調整的。會產生工匠調度的情況多數是緊急工程及大型工程，而多數的裝修工程很少是可以慢慢作的。如果開一家裝修工程公司，養一堆工匠，只是隨時要應付客人修個廁所門、釘兩坪天花板，那肯定很快就倒閉的；所以，裝修工程的主要工作還是以承接完整的工程為主。

當超出自己平常固定班底的工作量進來時，就會產生工匠調度的問題，調度的方法有：

(1)合作過的工匠

通常會先找之前合作過的工匠，技術穩定度可以掌握，但工匠有一定的職業道德，不一定隨時調得回來。

(2)同業推薦

找同業、基本工匠連絡其他工匠，這樣找來的工匠還是有基本的可信度，但已經需留意技術能力了。

(3)透過媒體

新的型態，在網路上有同業會組成工匠調度的臉書或LINE的群組，傳播的速度驚人。

在寫這本書之前，我有五、六年的時間沒有承接裝修工程，在兩年前開始回到這個行業之後，一直只從事設計工作，而沒有回歸工地做施工管理。幾年的時間變化很大，我發現：工匠的素質與十幾年前不可相比。因有此一發現，在公司承接一位重要客戶所委任的一個餐廳工程時，我就決定親自管理這個工地（自己當工頭，主要原因是工程緊急，根本沒時間繪製施工圖，工程無法做發包的動作）。

當工頭首先要面對的課題就是工匠調度，在我的原有領工的班底調度有限；我又是已經沒有舊班底的狀況下，我嘗試新型態的調度模式。透過一位主持FB社群的木工幫忙徵集匠師，但想不到他是將我的需求發佈在一個不公開社團的FB上。這種方式所徵集的工匠，技術等級根本無法篩選；但已經發佈消息，不好不照著遊戲規則走。

網路真的有他傳播的功能，消息一發佈，當天早上不到9點就已經接到不下20通應徵的電話。我驚覺消息發佈有問題，也就是說：我原本是希望用同業推薦的模式徵集匠師，後來發現是被公開於網路社團。我於早上10點就去電那位同業，請他把徵人公告從網頁撤銷；但往後的一個星期，我還是接不下50通應徵的電話。

圖1-4-3　一個早上，做了圖上這根不到十呎的假梁

可以這麼說：判斷一個木匠的工作能力，從他把工具拿下車走入工地的動作，我可以判斷這個工匠90%的能力。但三十幾年來，我不是一個很苛求的老闆，對於工作能力我只要求「不要太離譜」。也就是你快、細、精、巧的技能，你有一項可以讓我利用就可以。（早期工匠的流通方式也比較不會發生這種事）

在知道這些應徵電話是藉由網路之後，我就很小心工匠的素質，這在10年前出現工匠斷層之後，我就發現的問題。還真的被我遇到，真有那種要錢不要臉的人，只會看米達尺、知道角材、板材，然後帶一大包比正常工匠所需還大的工具袋到工地。混吃等死、死皮賴臉，就是敢跟你要「師傅」等

級的工資。

我講這一段，主要是想告訴你，專業的人判斷專業，以及處理專業問題，都有他的行業規範在。當你要安心的委託一個工程給廠商時，你真有能力「判斷」專業，那另當別論，不然，請收集更多可以幫你做判斷的知識。

2. 委託工程的時程

103年的四月份，我在景美開工了一間住宅裝修工程，一個重要客人的度假別館。工程在施工時程上並沒有施工的急迫性，就是按步就班把工程施作完善即可。

但所謂按步就班；並不是表示工程可以牛步化、散漫，而是能把工程按表操課，依序施工。裝修工程是一個高度異業結合、交叉工藝的行業，這就是這個行業施工管理的重要專業。所謂異業結合的交叉工藝；例如：一堵磚牆，在砌磚完成之後，需等待水電配置管線；木作釘好天花板結構時，需等待水電、空調等工程施作前期工程；一個鐵製扶手欄杆，就可能在樓梯灌漿前後就需預先埋設螺栓、鉚件，然後是石材或敷面施工，再由欄杆施工單位做後續工程。

當然；如果工序不涉及這些交叉工藝的介面，也就是可以依先後施工程序施作時，就依施工時程發包工程即可。這種不涉及交叉工藝的裝修工程，多數只會存在住宅工程，並且不涉及泥作工程，隔間等工程。

上面所說的這個住宅工程，是一個預售屋的建築，業主在購屋完成之後，即已委託本公司進行平面配置規劃；因此，有些工程如隔間、水電管路配置等，均在建築物施工期間已經進行設計變更。在交屋之後，業主所需進行的裝修工程，其中不會有泥作、水電配管、門窗等工程。

這樣一個住宅裝修工程，可能涉及的施工介面多數只發生在天花板的工程施工上，例如空調工程、燈具配線等，這可以讓裝修工程很單純的施作，並減少很多施工介面的問題。這住宅的實際施工面積約70坪，所有裝修木作

圖1-4-4　在照片上可以發現，在進行塗裝之前，既有的水泥牆上，沒出現水電敲鑿的痕跡

均為傳統工法，所以木作工期有近兩個月的寬裕時間。

也是為求施工品質目的，並且希望增加可信賴與配合的承包商，我在木作接近完成的10天前，請負責現場的木作領班介紹一位塗裝廠商來估算油漆工程。到木作只剩5天時，尚未接獲塗裝工程的估算回報，詢問的結果，該塗裝廠商要求全部木作完成之後才能做工程估算（這在工程慣例上是很外行的說法）。為求保險之故，我不得重新再找舊識的塗裝廠商進行估價（之前不找他，是因為他喜歡工資自己賺，太拼命）。

通常；塗裝工程的品質要求，在木作施工品質上就可以做基本判斷。木作施工品質要求精細，對塗裝工程的施工品質也就要求精細（但施工難易度有所差別）；相對的，木作的施工品質要求不嚴謹，不可能要求塗裝工程品質太過，實質上，因木作的底不佳，不可能藉由塗裝施工補救回來。

就因為工程施工有一定的施工慣例，工程估算也有一定的市場行情，這才能讓行業有一定的專業溝通語言與信賴。就工程專業而言，工程的難易度與施工品質，有一定的市場行情，就此，而可以有一判斷工程估算值的概念。

在木作即將退場的前一天，我追問木作領班他介紹塗裝廠商的報價結果，答案不出所料的有點離譜。所謂「不出所料」；是廠商報價有一種「惡習」，就是喜歡拖延「議價時程」，造成進場時間緊迫，而減低議價空間。我不得不再找自己的舊班底第二

圖1-4-5　塗裝工程與木作工程會有交叉作業的必要，不可能等木作完工才能估價

天再到現場做估算確認，事實上這位廠商早就報價，工程報價也在合理範圍內。我只是請他到場確認施工品質的要求及施工範圍。

我希望舉這個例子，讀者不要誤會是教你「貨比三家」，就一個外行的人，貨比三十家，一樣不保證能管控施工品質。就這個例子；是想告訴你，委任工程估算，應把握正確的發包時間，並且需能清楚告知所發包工程施工品質、材料、技術等的要求，不要讓施工時間的寬裕度，變成增加施工成本的因素。

貳、工程預算的考量

建築物除了建築結構體之外，他必須還要許多工程賦予他生活機能，其中，裝修工作是不可少的一個環節。

「裝修」在整個營造建築物環節中，他只代表其中的一部分，因名詞的定義問題，目前被用在建築物結構外的所有工程行為。整個營造建築物的工程，從建築結構到可以讓你把家具搬進去住，這個施工流程非常繁複。本書介紹的是如何整建一棟建築物的基本架構，他也只是提醒讀者一些基本概念，不可能全面性的把法規、材料、工法，全部在一本書裡說明清楚。

在本章節裡，我針對讀者的閱讀需求，我假設你剛好有一棟房子要整修，也必須做一些裝修，在這個範圍內，我做一些概念性的介紹。

2-1　工程預算

很多人委任室內設計時，都喜歡把工程預算說的很籠統，這絕對不是好的委任方式。真正好的專業的設計師，必須能執行工程預算，消化預算、控制預算，很少工程預算是無上限的，如果有；我真期盼遇上一位。

工程預算的概念很簡單，就是可能與不可能執行的問題。下面舉一個簡單的分析，讓讀者參考：

假設一間50坪的房子，業主希望裝修天花板與地板，這是基本裝修目的。這時候，業主應該不會跟承攬人說：「隨便你做」吧？應該會要求造型、材料等基本要求。

假設這50坪的空間，這兩項工程，業主的預算是50萬，我們來分析他可能的施工品質與施工可行性（以下所列工程單價非市價現況，只作舉例說明的數據）：

（一）最簡單的做法

■ 圖2-1-1　從圖中的兩個天花板，不難分辨他的價值性

明架石膏板輕鋼架平頂天花加塑膠地磚。

明架輕鋼架平頂天花板1坪假設為1,000元，50×1,000＝50,000元

天花板燈具出線及開關配管線假設為乙式27,000元

TB燈具一盞1,000元×50盞＝50,000元

塑膠地磚50坪×1,000元＝50,000元

合計：177,000元。顯然原始50萬的工程預算是用不完的。

（二）造型設計的做法：木作天花板加木地板

木作天花板因造型及使用材料的不同，會有價差的問題，這裡指就營造基本環境照明而設計天花板去假設。使用的建材不考慮防火、耐用等級及材質，只要能做出有造型的天花板即可。

造型與平頂平均計算，1坪以4,500元×50坪＝225,000元

天花板燈具出線及開關配管線，因應造型需求，乙式47,000元

燈具：含崁燈、層板燈約等於50,000元

天花板塗裝50×1.5＝75.5坪（複式計算）×1,200＝90,600元

直舖海島型厚臉皮地板，50坪×6,000元＝300,000元

合計：712,600元，已超出原工程預算40%。

（三）講究特殊造型與材質的做法

天花板指定防火角材、進口最高等級矽酸鈣板、複層式曲線造型，依造型設計，可能基本造價為50坪×10,000＝50萬

圖2-1-2　金絲楠木

天花板造型實木雕刻板100才（含工料）×2,000＝20萬

天花板PU雕花線板（大小）1,000尺×150＝15萬

天花板燈具出線及開關配管線，因應高階造型需求，6萬

奧地利進口鍍金水晶吊燈2盞×30萬＝60萬

奧地利進口配飾燈具20盞×3萬＝60萬

環保奈米級乳膠漆塗裝80坪（複式計算）×2,000＝16萬

線板包金箔工程10,000寸×20＝20萬

架高地板面鋪1寸厚×1尺寬×6尺長台灣黃檜，50坪×7.2萬＝360萬

地板蟲臘塗裝50坪×1萬＝50萬

合計：657萬，超出原預算近11倍。

上面的單價都是一種舉例，主要是讓讀者對於裝修工程設計，對於運用不同材料、材質、工法、造型……等不同時，需因造型風格、修飾、裝飾的搭配等，都會演化出相對位階的施工成本需求，真有可能「牽一髮，動全身」。

在造型與材料改變的同時，還會相對改變一些設備的造型與工程需求，例如：在「（一）最簡單的做法」工程時，可能空調只是簡單的壁掛式冷氣，這就只是一般空調的配置費用。但如果是「（三）講究特殊造型與材質的做法」多數會考慮整體美觀及實用設計，他就會增加基本空調配置的成本：

出回風口的配置、木作製作出回風口及檢修口的成本、會考慮更高位階的廠牌及效能。所謂「水漲船高」，這句成語正好適用在裝修工程設計規格，你如果準備掛一張複製畫，你不會特別講究掛畫的這面牆要如何處理。相反的；當這張畫是名師手筆、價值鉅萬。你想特別炫耀他的存在，更注意如何保存畫作，你就會講究畫作背後環境的溫濕度、紫外線、環境光等彰顯畫作價值的裝修設計，而這兩者在裝修成本上一定會有明顯的不同。

還是一句俗語「起茨按半料」，這是所有準備動工興宅的普遍現象，無可或非。但處在資訊發達的今天，這種「按半料」的預估方法，有他不合時宜的地方。就我上面所假設的三個例子，你在評估裝修預算時，就該有一個裝修等級要求的底。這個等級在市場行情上一定有一個大約行情，你用低標的工程預算，想得到高標的工程品質，這不可能。更且；上面所舉的例子只有裝修部分的「天、地」，還有「壁」也更是花錢的重點，另外還有隨之而來的擺設、家具等。

圖2-1-3　物件的收藏與展示，是另一種專業

2-2　價值感的認知

裝修材料的價值感有一定的市場行情；這個行情跟工藝價值有關、跟流行性有關、跟稀有性有關，最重要的是跟喜歡有關。

（一）從工藝價值看

人人都追求「手工藝」的工藝價值，藝術品如此、汽車如此、裝修工藝與材料亦如此。

在工業革命之後，人們在滿足物質生活需求之後，對生活的質感有了新的一種追求。就好像中國在追求立四新、破四舊的文化改革之後，再回頭重

圖2-2-1　圖上做榫接的工藝，可以肯定是近代工匠所為

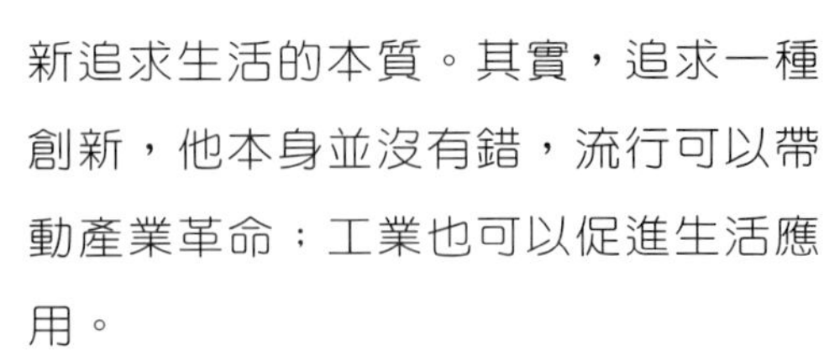

新追求生活的本質。其實，追求一種創新，他本身並沒有錯，流行可以帶動產業革命；工業也可以促進生活應用。

手工藝的追求，很多淪為一種炫耀的心理，反而忽略了工藝價值。當有人只是比拼裝修造型的華麗與風格時，相信很少人會順帶稱呼一下工匠施工的巧藝。很多時候，都把所有的造型、精緻工藝的成就，歸功於設計師的巧思。不一定是這樣；很多完美工藝的完成，有最少一半需要歸功於匠師。

圖2-2-2　祖師廟早期木雕

我舉兩個例子，分析工藝價值的差異性：

1. **三峽祖師廟**

三角湧長福巖，也稱三峽祖師廟，因主持第三次重建的李梅樹藝術素養，對工藝美學的堅持，使得這座道廟建築，享有「東方藝術殿堂」或「雕刻博物館」的美稱。

1945年二次大戰結束後，三峽祖師廟歸三峽鎮所有，由當時代理的三峽街長美術大師李梅樹接管，進行了第三次的重建計劃，在1947年正式動工。

1983年時，主持重建為期約有三十多年的李梅樹去世，重建委員會組織在改選時一波三折，1995年因石欄杆的裝設引起爭議，在1996年三峽祖師廟的重建計劃正式宣告停頓。

圖2-2-3　祖師廟後期石雕

圖2-2-4　祖師廟早期木雕

圖2-2-5　祖師廟後期木雕

圖2-2-6　祖師廟早期石雕

圖2-2-7　祖師廟後期石雕

1983年後，重建委員改選前，我曾去參觀過該廟，不論是石雕、木雕，建築構件，可謂雕梁畫棟，無不精美絕倫。當時在廟的左後方還有一個工廠，也還有幾位老匠師繼續努力幫李梅樹先生完成遺願。

而後就傳出新主持重建的委員改變李梅樹的堅持，轉向大陸訂製雕刻品的傳言，這對一座具有聲名建築的傳世，不可謂不令人遺憾。幾年前我為了拍賽神豬的照片及專程去燒香，又去了幾次，比較前後期的雕刻，工藝的差異令人唏噓。

2. **福州三坊七巷**

上面談到三峽祖師廟從大陸進口雕刻品，大家可能會先有「粗製濫造」的既定印象，但那是在「文化大革命」以後的事。在日本據台之前，台灣人建築房舍、廟宇，無不重金禮聘唐山（福州）匠師來台主持營造工程。那個年代福州建築匠師對工程營造的工藝，很令人讚嘆的。

「安史之亂」後中原混戰，因避禍南遷的文人儒士自然選擇福州重新開創家業，於是一個以士大夫、文化儒生為主要居住民的街區，便在南街附近形成一個住居群。後來更陸續出了許多著名的政治家、軍事家、文學家與詩人，成就了今日人文薈萃享有盛名的三坊七巷。

三坊七巷街區地處市中心，占地40公頃。灰牆青瓦古樸大方，佈局嚴謹、院落相連、中軸對稱，並以木結構承重，由精雕細刻的石木構造和大紅斗門可看出當時的風光功業。宅院四周圍有土築的馬鞍形風火牆，有的牆峰飾以龍鳳花鳥魚蟲及人物風景，具有濃郁閩越色彩。

參訪這處建築古蹟是一個偶然，2012年朋友相邀到福州洽談一個合作案，公事忙完之餘，東道主建議我可去這處景點參觀。對於參觀古蹟建築本來就是我旅遊的興趣，順便可以做紀錄及拍照，第二天東道主還特別派秘書陪同。

圖2-2-8　貝殼漆彩繪

一到達這處景點，幾乎可以用驚嘆形容，龐大的建築群；古樸的營造工藝，第一眼就肯定這趟行程不虛此行。在購買門票之後，順便要了份參觀動線圖，那份簡介的封面是一張「斗」的照片，精美的雕刻工藝，馬上吸引我的目光。

已經繞過好幾座的建築物，卻一直找不到封面上那張照片的本尊，後來一問才知道；這位本尊目前尚未開放參觀。也還好有當地人做陪，他跟守衛好說歹說；說我是台灣來的大學教授，專門研究古蹟，難得來一趟，對那個斗的景仰有如滔滔江水……。最後終於說動那位守衛放我進去拍了幾張照片。

圖2-2-9　精美雕刻的斗

其實這就是所有人對工藝價值的一個基本共識，那個斗的工藝美學相信對多數人而言，都會公認的價值，所以成為封面。所以；工藝的價值還是在匠師的巧思、技術。這其中還是關係到定作人的經費預算及對工藝的追求，不然，幾百個建築古蹟，不會只有一部分的工藝美學令人驚嘆。

（二）裝修工藝的價值

前面談的兩個例子都是實木工藝，可能會讓讀者把工藝價值等同於材料價值，不是這樣，工藝價值不是秤斤論兩計算的。

我舉集層材料而言，不論他是不是整塊木板，但不能否認他是一塊實木，而他的利用價值就比整塊實木低嗎？答案未必。我們最常見的大型實木工藝品，應該是常被做為

圖2-2-10　在三坊七巷的另一個斗的雕刻

「茶桌」的不規則原木，但他的價值一直都只在木料本身的價值，不是做成一張茶桌的工藝價值。

一樣的道理，你很少看到任何一棟古建築，他的大門是用一整塊實木做成的。這是因為原木或實木在應用上，有其材料特性的限制，所以必須加上製作工藝，使其材質穩定，造型優美，創造出工藝價值。木材因有軟硬質理區分、材質區分，也會有耐候性的問題，為了防止木材的天然縮收率所產生的翹曲、龜裂、變形，木材會有一定的厚薄比例，這就會限制實木的使用規格。

你家的大門不可能像是一扇城門設計，不可能那麼厚、也不可能那麼大的比例，所以對材料的利用方法就不一樣。

就一片展現雕刻工藝的門片而言，一定先就其材質價值做估算，再來是造型設計、作工水準。但當這片門出現不同材質時，但一樣的造型，也就是實木與仿實木的價值時，他要評估的價值就不是只在材料價值而已了。

除卻實木雕花工藝之外，現代式的造型門板是可以用仿實木作成的，他的價值性與實際工藝成本也高於實木門片，耐用年限也不輸全實木門板。

以下面兩張圖作比較，一樣造型的實木門板與仿實木門板，他在實用與工藝價值及實際施工成本上就有很大的區別。兩片門板都能表現實木造型的美學，但在實木門片上，很容易感覺出機器工藝的痕跡，而使用裝修工藝所製作的仿實木門片，所呈現的工藝表現反而不那麼匠氣。

我可以肯定，在正常製作工藝下，仿實木的這扇門一定比機制實木門來的高成本。如果這片仿實木雕刻門片，他用料實在、製作嚴謹，在不受外力毀損的情況下，他的使用壽命也不亞於實木門片。

（三）從流行的角度看

我在求學階段，上「音樂欣賞」這門課時，曾請教老師一句話：「何謂古典音樂？」老師回答說：「今日的流行，就是明日的古典。」我不知道這

圖2-2-11　集成的實木大門

圖2-2-12　就算是早期的實木門板，也不會是一整塊實木

圖2-2-13　實木與仿實木雕刻門板

圖2-2-14　實木工藝

句話是不是完全對，但我可以肯定：流行能造成一種普及風潮，日後必定成為一種經典。

流行的東西在價格上會有兩個極端，抓住流行的腳步，趁機撈一筆；因為流行，造成商品氾濫，貶損商品的價值。無論多麼稀有的東西，只要有利可圖，去挖祖墳都有人會把東西拿出來賣，加上次級品混充、造假，都是戕害流行生命的原兇。

2004年很流行「黃金米黃」大理石，那是原本1才500元的材料，一下子被哄抬成1才1,500元。只是這一才500元的石材，跟1才1,500元的石材，一樣叫作黃金米黃。現在黃金米黃大理石的價錢沒那麼高了，但業主也不再追求指定使用，也許設計師主動幫你設計，你還會怪設計師不懂流行脈動。而原本不管500或1,500的時候做的，把他當成是一種經典吧！

■ 圖2-2-15　這塊不到20才的拼花地磚，要價好幾萬

（四）從稀有性的角度看

不管設計、剪裁、品牌、質料多麼出衆的一套時裝，都是看重他的稀有價值，當一個爭奇鬥豔的晚宴，你發現你費心請人幫你在巴黎買來的一套晚禮服，跟人家撞衫，一定很嘔；尤其是那個人還比你有身價。

從設計的巧思、從工藝性技術層面，裝修設計與工程都能滿足這兩方面的需求。不論是依據你的品味量身打造；或是設計師的巧思，經由匠師的妙手，你的居家裝潢都可以是獨一無二的。能不能滿足你對「品牌」（設計師）的炫耀感；滿足你對工藝的要求，不是只看要求；而是必須有相對的付出。

圖2-2-16　工藝的價值就在他不能仿製出第二個

參、工程估價單的內容分析

裝修工程的估算、估價單的填寫，是具有工程合約要約條件的，是故；他不可以是一種籠統的文件。基本制式的估價單格式如下，以下就估價單的欄位做一個完整的介紹。

3-1　項次

主要是就工程內容的估價標的做一個編碼的動作，編碼的分類依據工程大小而不同。依據工程項目或工程區域、作種等，使用大中小標題作為項次分類編碼，大的編碼會使用如大寫的壹、貳、參、肆……；或英文字的A、B、C、D……。中標題的編碼會使用如一、二、三、四……；或英文字的a、b、c、d……。小標題則多數使用阿拉伯字的1、2、3、4……。

不論使用編碼的方式為何，重要的是工程項目標識必須統一，例如：把工程的作種如木作工程、泥作工程……等，當成是一種大標題，那所有大標題的所有標的都必須是工程作種的分類。

大項工程的估價項目編碼及分類，有可能比大中小的分類還更複雜，例如：A棟、A座、樓層、區域，但原則上：必須讓一件工程上的估價單，其編碼不會混雜，各項工程估算項目都能有一自己的編碼。

簡單的分類如下：

1.大標題

例如：作種或樓層

2.中標題

例如：木作隔間或樓層區域

3.小標題

例如：某某樣式隔間、天花板、櫥櫃、門窗……

工程估價單在項次編寫上，因有沒有施工圖說，也有編寫上的差異，有完整施工圖時，另可以施工圖的編號作為項次編碼。

圖號	圖　　　　名	比例	備註	圖號	圖　　　　名	比例	備註
A000	建築空間現況圖	1/60		E-8	主臥更衣室開架式衣櫃立面圖	1/30	
A001	新配平面配置圖	1/60		E-9	主臥室床頭立面圖	1/30	
A002	天花板蟲視圖	1/60		E-10	主臥室電視牆立面圖	1/30	
A003	燈具、開關配置圖	1/60		E-11	客廳電視牆立面圖	1/30	
A004	立面索引圖	1/60		E-12	餐廳吧檯正立面圖	1/30	
E-1	LOPPY正立面圖	1/30		E-13	客廳電視背牆立面圖	1/30	
E-2	LOPPY衣帽櫃立面圖	1/30		E-14	廚房門牆立面圖	1/30	
E-3	LOPPY背牆立面圖	1/30		E-15	吧檯櫃正立面圖	1/30	
E-4	書房固定式書櫃正立面、結構圖	1/30		E-16	儲物室連動拉門平、立面圖	1/30	
E-5	主臥更衣室隐藏式門立面圖	1/30		E-17	A、B房衣櫃正面&構造立面圖	1/30	
E-6	主臥更衣室衣櫃立面圖	1/30		E-18	A、B房床頭立面圖	1/30	
E-7	主臥更衣室化妝檯立面圖	1/30		S-1	各項剖面圖、大樣圖	詳圖說	

圖3-1-1　完整的施工圖說，會出現完整的施工圖編碼

3-2　工程內容

裝修工程的工程估算內容需有工法及材料標示，才能完備估價要件（這是指沒有完整的施工圖說，以及不是專業廠商間的合作默契）。

通常在一般的估價單格式裡，「工程內容」約可容納13～16個字（依據表格設計及字型大小而不同），在正常記載上，它都還夠用。例如：大標題的「客廳」；中標題的「木作工程」；小標題的×：「電視矮櫃／面貼×牌美耐板」共12個字。小標題的×：「造型天花板／集成角材／面封矽酸鈣板」共17個字，當字數只差一兩個字的時候，會適當調整字型大小，如果「工程內容」確實無法負載過多文字，部分文字可在「備註欄」註記。

在行業慣例上，行業傳統會有約定俗成的行業規範，所以不會造成漫無標準的施工行為；這對施工品質的要求，也自然形成一種市場行情。這個市場行情不可能是一種「定價」，而是說：他針對一定的品質要求，會有一定的計算公式。

工程估價單上的「工程內容」，會因對象及圖說的完整性而有不同的撰寫習慣。舉最常見的例子：一個業主買了一間公寓，他找來一個木匠或設計師統包裝修工程，在可能只有簡單的平面配置圖做溝通媒介時，他在工程估價單上的「工程內容」可能就必須借助標示材料與工法來完備估價單上的契約要件。

就前面所舉例的：「造型天花板／集成角材／面封矽酸鈣板」內容作一個概略說明：

木作天花板一般只分類為造型天花板與平面天花板，這當然不代表裝修木作的所有天花造型，只做一個簡單的舉例。造型天花板會因材料與造型而產生很大的價差，這裡假設天花板的「造型」是經甲乙雙方確認並取得共識，只就材料做為估算標識。

在這一天花板的工程內容裡可以看出三個工程估算造價的要件：

圖3-2-1　天花板造型一定會影響工程造價

（一）造型

型式應依據圖說、溝通記錄而定，沒有所謂市場慣例。例如：曲線、多層次。

曲線、繁複加工、立體曲面、雕刻效果等，不同的設計就會影響工作成本，也相對的影響工程估算的內容。

（二）材料

裝修材料所占裝修工程的施工成本，常有一些人會直接以工程費的「三成」去概估，這是很不正確的說法。例如：同樣工資成本、同樣造型的天花板，當使用材料不同時，本身的材料成本就會直接受影響。

假設：一件同樣造型的天花板，在施工的工資成本相同時，會因材質選配而影響工程估算。如A為：集成角材、4mm夾板、面杉木企口壁板。

B為：防火角材、日本麗仕矽酸鈣板、面台灣檜木企口壁板。

圖3-2-2　這是未做仿實木之前的天花板工程

角材的結構施工不論用哪種材料，對施工的工資成本影響不大，但防火角材與一般的集成角材就會有明顯的價差。

夾板與矽酸鈣板有近一倍的價差，廠牌不同影響更大，對封板的施工成本會比一般夾板大；但比例對整體工程影響不會太多。

面板結構的材質對材料成本就影響很大，同樣是企口壁板，規格、工法等都是一樣的情況下，價差就在於材質的不同。簡單的分析材質的價差，杉木與檜木均為針葉樹材質，用途其實差不多，但因材料本身的稀有性、質感與紋理的差異，在市場行情上，他出現了將近10倍的價差。

圖3-2-3　這是完工後的照片，在材質的差異上就會有明顯的價值感

（三）材料

裝修的施工工法可分為：卯榫、釘裝、膠裝、膠釘裝，選用任何一種工法都會影響工程品質及工程壽命，當然也影響工程的估算價值。

除非施工圖說非常不明確，常施作的工程項目，本身就會有基本的工法及材料，他有一定的市場規範，並不是估價單上的工程內容都要這樣說明清楚；但原則是，他必須是普遍的施工工法與材料，與這些市場慣例不同的工法及材料工程，在施工圖說不完整時，仍有詳細註明的必要。

例如：塗裝工程的估算內容，可能只會出現「衣櫃透明噴漆」或「衣櫃透明塗裝」。這個工程的工法如下：

圖3-2-4　所謂透明塗裝，表示在塗裝之後一定可以看到這樣的木紋

1.清潔、2.打底（或染色後打底）、3.修整、4.研磨、5.面漆塗裝（刷塗、噴塗）。

在正常的估算項目裡，當工程內容出現「衣櫃透明塗裝」的估算項目，就表示他必須包含面漆裝完成之前的所有合理的工序，在工程估價單上並沒有另外註記的必要。

3-3　單位

有關工程估算的單位應用，我曾在多次補習班的課程上做過實驗，面對一些初出茅廬的新人；有些是在職人員，上的是乙級技術士的課程，結果都差不多。那是很簡單的測驗，我要學員拿出自己的紙跟筆，然後要他們寫出10個裝修工程的估價（算）單位。結果履試不爽，除非已經有很正確的實務經驗，多數的學員，在最多寫到7個單位之後，所表現出來的就是一副想考試作弊的樣子。

原因無他：是學校沒教、是工作接收錯誤的經驗、是市場上業主不遵守遊戲規則等所造成。工程的估算單位在工程契約上是很重要的一項要件，但很多人故作聰明的忽略他。不論業主或是承攬人，都放任他的模糊，都以為這對自己有利，這也是很多裝修工程訴訟無日無之的主因。

圖3-3-1 同一座櫥櫃，不論同時有幾種造型在一起，木作會統合計算，不可以拆開計算，與系統家具的計算方式不同

所謂「名不正則言不順」，這用在工程估算的單位應用正好是很恰當的語彙。當工程估算使用正確的估算單位，這才能有一工程價值的判斷標準，如果使用的單位「文不對題」，會造成很大的工程困擾。也許可以欺瞞消費者，但欺瞞不了協力廠商，如此一來：當工程驗收時，如業主提出意見，可能不會是單純的「誤植」可以了事。

常用的裝修工程估算單位有以下幾種：

（一）長度單位

裝修工程最常見的工程估算計價單位為工程標的的長度，但在使用長度為計算單位之前，必須建立一個市場的常用值：在常用值是有特殊性的改變時，這些數值必須先被確認，然後才能使用一般的工程估算值做為估算單位。

裝修工程的估算慣例，工程標的物使用「長度」為估算計價單位時，是以工程標的物的正面「水平」長度為丈量標準，例如：隔間、壁板、櫥櫃：

圖3-3-2　如圖中的材料，骨料、隔音棉、板料，都必須在估價單上標明清楚

或依市場慣例的加工工程。以長度為工程估算單位工程標的，有些會因工程標的的特殊因素，並不限於水平丈量；例如：線板、飾條、加工材料等。

例如：「一般」輕鋼架隔間，在沒有特別強調材料與工法時，市場慣例是以下面的工法與材料，用「長度」或「面積」為計算單位。基本的輕鋼架隔間：6cm骨料、24K隔音棉、12mm石膏板或6mm矽酸鈣板（不指定廠牌）、隔間高度244cm以內。

如果工法與材料改變，例如改變成：10cm骨料、60K隔音棉、15mm防潮石膏板或6mm日本矽酸鈣板、隔間高度244cm以上。當這些工法跟材料都是施工圖說的估算要件時，他與所謂的工程常用值無關，但在改變這些工法與材料後，必須在「工程内容」做明確交代，這樣才能使用同樣的估算單位。也就是說；當估算的工程内容是沒有被特別標註跟說明時，他的估算常數必需是市場的最基本値，不能被無限要求與解釋。

圖3-3-3 常見的流理檯人造石檯面就是以正面水平方向，用長度作為計算，當檯面出現L型以尚造型時，計算方式會不一樣

當一個工程單位的估算仍然被以使用長度計算時，在可能垂直高度已經超過基本値或是超出一般材料的最大規格或最大利用率時，估算的人必須是已經將成本估算進去，不能有事後加價的行為。但這個垂直規格超過一般常規，是在工程估算之後才發生時，承攬人有權利要求追加工程預算。

例如：常見的人造石或石英石檯面，最常見的估算單位為「CM」，也就是用長度為計算單位，與一般石材使用「才積」為計算單位不同。我不諱言；這是很不合理的計算方式，但市場機制如此，只能等時間改變。

而一樣使用「CM」為計算單位的還有系統家具、流理台等。

以人造石檯面而言，縱使計算單位使用長度計算，但因受限於原始材料的生產尺寸規格，其總加深度一般不能超過70CM，如果超過這個規格，會有加成計算的行為。這個加成計價的行為，是合理的工程估算；但必須說明加成計算的原因，因為這有一個市場的合理值。

同樣的；系統家具或是流理檯，有可能深度超過常用值的60CM；高度超出一般板料的最大利用率，這都會影響工程估算單位的估算值。他會影響估算單價，因施工成本的影響而改變的市場印象值，必須做工程估算說明，但不能以增加工程數量為手段，誤導估算單位的估算值。

例如：一座總長360CM的流理檯，其以標的物「CM」做為工程估算標的時，他在工程估價單上的工程數量就不能超過360CM，超過時，就會造成工程驗收數量的不符合。（側邊加工可以加計）

有可能部分廠商為了競標工程，會故意將部分超出工程常用值規格的施工成本，轉增加在工程數量上；但沒有明確說明，以降低工程的單價估算成本，這是明顯的工程違規估算方式，在沒有工程合理註明時，工程驗收時，可以依計算單位驗收。

在使用長度為計算單位時，有一種單位是很特殊的用法，就是「碼」，在裝修工程的估算行為上，一般只出現在布幅的丈量上。布的織幅規格很不統一，但布的計算單位一直都使用長度為計算單位，他會影響成品的面積，這部分在下一節的面積一起討論。

表3-3-1 長度換算表

公厘（mm）	公尺（m）	公里（km）	台尺	吋（inch）	呎（feet）	碼（yard）	哩（mile）
1	0.001	……	0.0033	0.00328	0.00109		
1000	1	0.001	3.3	39.37	3.28084	1.09361	0.00062
	1000	1	3300	39370	3280.84	1093.61	0.62137
303.303	0.30303	0.00003	1	11.9303	0.99419	0.33140	0.00019
25.4	0.0254	0.00003	0.08382	1	0.08333	0.02778	0.00002
304.801	0.3048	0.00031	1.00581	12	1	0.33333	0.00019
914.402	0.91440	0.00091	3.01752	36	3	1	0.00057
	1609.35	1.60935	5310.83	63360	5280	1760	1
1公尺＝1米（大陸用）			1公尺＝3.3台尺＝33寸			1公尺＝100cm	

長度換算公尺換算台尺爲：一公尺＝100cm＝1,000mm＝3.3台尺＝33寸
換算公式如下：公尺×3.3＝台尺，台尺÷3.3＝公尺

（二）面積單位

裝修工程以面積為計算單位的工程有很多種，通常，在不能使用長度為計算單位時；或是用面積計算較為合理時，會使用面積做為計算單位。使用面積為單位的計算工程項目如：

裝修項目：天花板、壁板、地板

裝潢項目：壁紙、地毯、壁毯、裱褙（有其他估算單位）

裝飾項目：天花板、牆面、透明塗裝

工程的估算單位需依工程規模為分割，他並非一成不變，因工程委託對象的契約內容而不同，只是契約精神不能變。當一個大工程為一個總攬工程時，他可能只出現工程項目標的名稱，這名稱出現工程估算。例如；總工程涵蓋機電、土建、裝修、消防、設備，那可能在工程估算上就只會出現這些大項目的總價。

當這些大項目需分包為小包時，就需在大項裡再細分工程項目估算。

以讀者最常接觸的裝修工程項目而言，如果是將一個建築物作為委託

圖3-3-4　砌磚隔間會使用面積做為估算單位

工程，那可能還是分成機電、土建、裝修、消防、設備……等大項目發包。當這些大項目被委託為小包時，他所出現的估價行為會出現不一樣的分工行為，例如：土建的發包可能就會分成鋼筋、模板、混凝土澆灌、砌磚、粉刷、填縫……。

而在粉刷工程上，還可能分成修整、打粗底、黏貼工、填縫、粉光、洗石、輾石、磨石……。

這些工作之所以如此被細分，無不被跟「工」（資）有關，任何工程的施工成本一定跟工匠的施工技術與施工成本有關，而關係最直接的就是施工數量。很多工匠的施作能力都是跟工程估算單位相關的。所以才會出現不同的工程估算單位，也許，他也跟材料利用有關，而以「面積」為計算，占很大的比重。

面積做為計算單位，也建立在一定的「常數」上面，在使用面積為計算單位前，必須對材料、工法先建立一個施工規格。例如：天花板以面積做為計算單位時，第一個重點是確認「造型」，再者為結構材料、造型材料、敷面材料，當這些基本規格確認之後，才能讓估算單位有一個估算與施工依據。

圖3-3-5　地坪材料的鋪設多數也是使用面積為計算單位

簡單的說：玻璃使用面積為估算單位前，必須先確認玻璃的材質、厚度、加工方式等基本常數。當這些基本施工規格能分析出單價時，才能對估價單位做有效估算。例如：估價單上出現「玻璃」一才若干錢，這工程實務上是不合理的估算方式。

常用的面積單位有：平方寸、才（平方尺）、m^2（平方公尺）、坪、碼（布的計算）、公畝、台甲等，通常用於如玻璃、壁板、天花板、隔間、裝飾材料……等。

各項面積之數據如下：

1才＝100平方寸＝1台尺×1台尺

$1m^2$＝1公尺×1公尺＝10,000平方公分＝0.3025坪×36才＝10.89才

計算布的碼數時，碼代表的是長度計算單位，但布的計算與「布幅」的寬度有關，如果已經把「布幅」的寬度列入估算，此時「碼」代表面積單位。

以公制面積換算台制面積其換算公式如下：

（長）公制（公尺）×（寬）公制（公尺）＝m^2×0.3025＝坪

以台制面積換算公制面積其換算公式如下：

（長）台尺×（寬）台尺＝平面才積×36＝坪÷0.3025＝m^2

表3-3-2　面積換算表

平方公尺（m^2）	公畝（a.）	公頃（ha.）	台坪	台畝	台灣甲	英畝（acre）	美畝（acre）
1	0.01	0.0001	0.3025	0.01008	0.00010	0.00025	0.00025
100	1	0.01	30.25	1.00833	0.01031	0.02471	0.02471
10000	100	1	3025	100.833	1.03102	2.47106	2.47104
3.30579	0.03306	0.00033	1	0.3333	0.00034	0.00082	0.00082
99.1736	0.99174	0.00992	30	1	0.01023	0.02451	0.02451
9699.17	96.9917	0.96992	2934	97.80	1	2.39672	2.39647
4046.85	40.4685	0.40469	1224.17	40.8057	0.41724	1	0.99999
4046.87	4.04687	0.40469	1224.18	40.806	0.41724	1.000005	1
1台灣甲＝10分＝2934坪　1坪＝3.30579平方公尺　1坪＝36才　1才＝100平方寸							

（三）體積與重量單位

使用體積與重量做為估算工程單位，在營造工程上是常見的估算單位，但在裝修工程上較少出現。裝修工程有部分的材料會使用體積容量作為計價及材料數量單位，例如：強力膠、冷膠、油漆、液態及非固態材料等。

圖3-3-6 鋼筋會使用重量計算再加工資，混凝土則使用體積計算，再加計澆灌、耙平、設備等費用

這些材料的使用單位不太出現在工程估價單上，他是構成施工單價的一部分，更重要的是，他是材料單價。當裝修工程被合理估算時，必須涵蓋工程的幾個主要要數：材料、工資、營運成本、施工管理成本、利潤，所以不應該出現材料計價單位，除非是工程的「單價分析表」。

使用於非固體或固體的估算項目，使用的單位有：寸^3、才^3、M^3、公克、公斤、台兩、台斤、磅、盎司、噸、加侖、公升等，M^3才積最常用於木材及土方之計算，木材亦可以以重量為計價單位。最常見的重量計算為鋼筋，但這在裝修工程的使用上是少量的。

寸^3、才^{3}兩個符號分別代表立方寸與立方才，一立方才＝100立方寸，電腦符號表找不到，為作者自創。

表3-3-3　重量換算表

公克（g）	公斤（kg.）	公噸（met..）	台兩	台斤（日斤）	磅（pound）	英噸（ton）	美噸（ton）
1	0.001		0.02667	0.00167	0.00221		
1000	1	0.001	26.6667	1.66667	2.20462	0.00098	0.00110
	1000	1	26666.7	1666.67	2204.62	0.98421	1.10231
	0.0375	0.00004	1	0.0625	0.08267	0.00004	0.00004
600	0.6	0.0006	16	1	1.32277	0.00059	0.00066
	0.45359	0.00045	12.0958	0,75599	1	0.00045	0.00050
	1016.05	1.01605	27094.6	1693.41	2240	1	1.12
907185	907.185	0.90719	24191.6	1511.98	2000	0.89286	1
1台斤＝2市斤							

表3-3-4　體積換算表

M^3	CM^3	寸^3	才^3
1	1000000	35937	359.37
0.00001	1	0.0359	0.0036
		1	0.01
		100	1
1才＝100立方寸			

體積的計算公式如下：長度×寬度＝（面積）×高度＝體積

木材製品在台灣通常使用才積為計算單位，若材料規格直接以台制為單位時，計算上較不發生困難，例：1寸×1.8寸×12尺的角材一支，其計算式如下：1×1.8×120＝216÷100＝2.16才，將12尺進位為120寸，在計算上可避免產生太多小數點，所得的商數216不一定使用除法，可以直接以百分位進位。

圖3-3-7　水電設備是最常件使用個體作為計算單位的

公制才積與台制才積較不容易直接轉換的原因，在於台制才積1才為100立方寸，與其它的體積單位相比，它的體積單位較為特殊，而公制與台制也往往無法整除。公制才積與台制才積的換如下：$1m\times1m\times1m=1M^3$　$1m\times1m\times0.3025=0.3025$坪$\times36$才$=10.89$才$\times33$寸$=359.37$才^3。另將公制先轉換為台制的計算式：（1公尺＝33寸）

33寸×33寸＝1,089平方寸×33寸＝

35,937立方寸÷100＝359.37才^3

（四）個體單位

用於前述項目之外及其項目是為一個組合的估算項目，如：1「張」桌子、1「樘」門、1「片」門片、1「具」瓦斯爐、1「盞」燈、1「部」冷氣機、1「個」臉盆、1「幅」畫、1「組」門鎖、1「付」鉸鍊、1「式」、1「桶」瓦斯……等。

鉸鍊的計算如使用西德角鉸鍊時，因可能出現奇數，也可以用「只」為計算單位。

工程計算單位關係工程之發包與驗收，很容易因錯用估算單位而造成工程糾紛，因專業能力不足或錯誤的專業養成所影響，有很多的工程承攬人對工程估算不專業，這造成很多的工程糾紛。

最常見的工程估算單位是「式」，這也是常造成工程糾紛的一種工程估算單位。並不是說用「式」為工程估算單位就會造成工程糾紛，而是使用這個單位做為估算單位時，他必須讓「式」的工程內容是完整的。

使用「式」為工程估算單位必須有一定的條件，也就是工程標的的內容無法使用前述的長度、面積、容積、個體等為形容單位時，他才有「式」為概括估算的時機；或是工資及材料無法進行單價分析的複合工程。例如：浴室拆除一座FRP的舊浴缸。這樣一個簡單的工程，他會涉及很多修補項目，而這些修補工程，在量體上；幾乎都無法進行工程的單價分析，有就是工程的規模無法做為量化估算。

圖3-3-8 像圖中這些磁磚的修補，無法使用量體計算，就有可能出現「一式」的計算單位

在這一簡單的工程上，他會出現以下的附加工程；除非只是單純的把浴缸拆掉。1.浴缸拆除、2.水電斷水、3.廢棄物清運、4.拆除點的修整與修補、5.防水、6.水電配管線、7.砂將打粗底、8.貼磁磚、9.安裝新的衛浴設備。

一個浴缸的面積約為80×60×160，把側面、正面、底部全部加起來，面積也不會超過一坪，所有施工項目，幾乎沒有一項工程需超過半天的工資，如此就無法使用量體估算，所以就會產生使用「式」為估算單位的概算方式。

上面假設的工程，如果真的只做這些工作，在現階段應該找不到工程承攬人，因為讓所有工作項目作單獨估算，那加起來是很可怕的數字。假設工匠出門就以一工計算，那上面的9個工序×一工3000元的工資，就是27,000元，材料未計。有可能把那個浴缸丟掉，運費還高於3,000元。當人家幫你這樣估算時，你一定會罵人是奸商，這當中還沒計算施工管理成本與利潤。

所假設的這個工程，只有在主體工程的附屬項目時，才可能出現降低施工成本的可能性，也就是利用所謂的「工頭工尾」，但也需寄託於專業施工的管理能力。不然，在不了解工程施工本質的情況下，很容易讓委任雙方產生溝通上的齟齬。

3-4 數量

運算工程單位與單價總合的基數。

工程數量的計算，會因進位問題與誤差值、施工損耗等工程慣例，而與實際完工值產生合理誤差；但必須是工程施工規範與工程施工慣例的合理值。依據工程採購契約的一般慣例，誤差值設定為5%，一般民間工程會在3%以下，這是避免工程驗收糾紛機制設計。

工程數量的計算會因以下幾種原因而出現與實際完工驗收值的誤差：

（一）進位的問題

不論使用哪種工程估算單位，都很難將估算數量計算到整數，所以會產生一定誤差值。這包含工程施工上的一些複式工程，無法單獨出列項目，需以數量「加值」作為計算，其中包含尾數以整式計算（沒有四捨五入的問題）。

另一種進位加值的問題會出現在材料訂製上面；如實木製材。

實木製材會產生施工損耗，在一定規格值以下的製品，會有所謂「加值計算」的計算慣例。當製品的規格低於1寸時，會計算「鋸路」耗損，這是行業慣例，也是施工的實際損耗。當製品的規格越小，工程數量的計算總值誤差越大，這常出現在資淺承攬人的估算誤差，因工程估算誤差，怕虧本，導致工程品質出現問題的情況發生。

圖3-4-1　玻璃的厚度、花色都會影響計價

玻璃的進位：玻璃的耗損是

以0.5尺作為計算標準，只要規格尾數超過0.5尺，均以整數計算。例如：一片31×31cm的玻璃，跟一片45×45cm的玻璃，他計算的結果都是2.25才的面積；但其他加工數量上會產生不同的值。

（二）施工損耗（材料規格限制）

施工損耗有一定的計算標準，例如：

1. 壁紙

常見的壁紙規格為53.3×1,000cm為一捲，約相等於5.33m^2；約等於1.5坪，其工程施工數量以使用材料數量計算。當工程的實際完工數量使用材料計算時，會產生很大的誤差值；但誤差值並不實際存在。

壁紙施工會因兩種情況而使材料利用率減少，進而影響完工的實際面積。

(1)施工長度的影響，施工面的長度必須是壁紙整捲的最大利用率。例如：施工標的的長度3.4m，不用加上施工損耗，一捲壁紙只能使用2/3。

(2)對花的影響，壁紙的花紋設計，最大對花尺寸為60公分，也就是說：當一堵2.8m的施工標的做壁紙對花施工時，他一樣需將壁紙做最少3.4m的施工裁切，一捲壁紙一樣只能使用2/3。

2. 窗簾

前面提到「碼」的長度計算，多數應用在窗簾的計算上，他因材料規格的特殊性，也是很容易產生完工數量與實際使用數量的誤差值。窗簾布的計算可能比壁紙還複雜，唯一較為節省的是長度較不浪費。

一匹布的寬幅從90cm～180cm不等，不論寬幅多少，一般均使用長度作為計算單位，而最常使用的單位為「碼」，一碼約91公分。舉垂直雙開拉簾為例，如果一個H240cm×W240cm的對開拉簾，選用不同的布幅規格，實際使用碼數就會產生不同的數量。

當使用90cm規格時，其計算方式如下：240cm對開為120cm，每樑的寬需增加車縫邊寬幅12cm，等於每樑應用布幅寬度為132cm。90cm÷2＝45，等於兩面窗簾可以共用3幅的布。

長度車縫邊約增加30公分，也就是240cm＋30cm＝270cm×2＝540cm÷91cm＝5.93碼，以6碼計算×乘以3幅布，共需18碼的布。

當使用布幅超過135cm的規格時，只需12碼的布。

圖3-4-2　窗簾與壁紙均有對花的計算方式

如果窗簾的寬度再增加10cm時，使用90cm布幅的窗簾，就會因無法共用半幅布，而需增一幅布的用量，就會讓原來碼數增加為24碼。同樣的：當窗簾的寬度由120cm增加為130cm時，布幅135cm的規格就會產生損耗現象，並且造成施工難度及影響美觀。

窗簾布一樣有對花的問題，會對使用長度產生影響，進而影響材料的使用數量。

3-5　單價

工程估算所使用的「單價」，是對照「工程內容」換算而來，在工程估算行為上，他是一件很複雜的運算，這也是工程估價單最重要的一個項目。

對單價的概念不難理解，例如去菜市場，一斤雞蛋32元，那就是雞蛋這個商品標的的單價、斤是計算單位。你買10斤雞蛋×32元＝等於320元。但重點在於，雞蛋一斤32元這個單價是如何計算出來的：這也是工程估算的重點。

養雞生蛋，就是將本求利，我一天用1塊錢的飼料養一隻雞，他幫我生一顆雞蛋，那顆蛋的基本成本是1塊錢。為了養活這些雞，我還要建雞舍、要注意雞舍的通風、衛生、健康，這就是品質控管。因為我的雞蛋品質與衆不同，我必須宣揚我雞蛋的品質，進而建立市場的區隔性，我必須有商業宣傳費用。

圖3-5-1　把赤嘴煮成一碗湯，還要加薑絲、蔥、油、米酒、調味及水，另外還要用到瓦斯爐具、工錢、提供桌子給你喝、冷氣給你吹，不能只算這碗赤嘴有幾兩重

當我建立一個品牌，我必須有行銷通路，必須有行銷據點。如此一來；我從建雞舍、孵蛋、養小雞、清雞屎、雞生蛋、撿雞蛋、廣告行銷、運送、銷售到客戶端、中盤的利潤、零售商的利潤，這顆雞蛋的成本會變成2.5元。而一斤雞蛋約11顆，成本約27.5元，其他是利潤；但如果發生雞瘟就血本無歸了。

同樣的道理，裝修工程的單價也不是材料加工資那麼簡單，一樣必須加上施工管理的風險成本，而且在計算上會比一顆雞蛋更複雜。

裝修工程單價分析是一門很專業工作，有幾種因素會造成他估算值的不穩定：

1. 造型成本計算不好分析
2. 工匠施工技術不穩定
3. 施工環境對施工的影響

在拙著《裝修設計與估算》一書中，對工程估算我下了這樣一句話：「裝修工程不困難；難在估算合理、客人滿意又有錢賺！」

估算工程真的不困難，但難在於施工成本與風險評估，這當中將風險評估與施工難度提升，就有可能讓估算值無限上綱，造成單價過高。不一定單價過高就承攬不到工程，他並不違反承攬工程合約的精神。同樣的；為了低價競爭；或是經驗不足而估算低於施工成本，這都不是一種合理的工程估算行為。

很多初學者或從業者，在學校沒有教；也不一定有人會教的情況下，在急於成為工程承攬人的驅使下，最急迫的問題就是想知道工程如何估價。

正好補習班業者也想賺一點補習財，於是就出了裝修工程估算「武功祕笈」，投學員所好。把各種工程單價做成標準單價，集結成冊販售，而學員也把他當工程估算的葵花寶典爭相搶購。舉簡單的例子，那冊子裡就簡單的告訴學員：一坪天花板應估多少錢；一尺衣櫃應估多少錢（這真的不知道開哪門子玩笑）。

但如前所述，同樣的平頂天花板，會因工程規模而產生價差，也會因材料、工法不同而產生價差。雖然工程估算是由估價單位×數量×單價而來，但單價的產生有很多部分沒有單純的市場行情定價，不應該這麼單純用制式表格拿來填充，這會讓工程估算產生很多糾紛。

以下舉一般公共工程標案常出現的「單價分析表」說明工程單價來源的基本算法：

單價分析表並不是正確估價的方式，但伴隨設計案的產生，在標案工程當中，它必須與該工程標單的所有估價單同時存在。這裡所謂的不合理；是指工程成本不可能只計算這些實際成本，他還有一些間接成本。這些間接成本就如同「假設工程」，完工後看不到；但實際反應在施工成本。

有部份的單價分析表的設計，並不是讓人很快的理解，這起因於：在整個投、開標過程當中，它對於得標與否並不具有重要的影響，它的主要目的，應該是為了符合某些「規定」，以及幫承辦人避開部份「責任」。

表3-5　制式的工程單價分析表

工程名稱：（案號）★1

名稱：★2						
編號：××★3		單位：尺／★4		元★5		
項次	內容	單位	單價	數量★9	複價★10	備註
1	4'×8'木心板★6	片★7	700★8	0.2	140	
7	工資★11	工	3,000	0.4	1,200	
8	五金及雜支	式	575	0.05	29	
9	工程保險★12	?	?	?	?	
10	小計				1,732	
11	工程管理費★13	%	1.732	20	346	
12	合計★14				2,078	

★1.載明本項工程的名稱。
★2.本單價分析表所分析的對象。
★3.一般爲所有單價析表的個張編號。
★4.本表指定的計算單位。
★5.本工程的計價單位。
★6.材料指定的規格與材質。
★7.指定估算單位。
★8.計價單位。
★9.需注意；這裡所謂的「數量」爲★4指定的單位，其分析估算單位後，每一計算單位的商數。
★10.這裡的複價爲★4指定的單位單價。
★11.單價分析表中，必有的分析項目。
★12.單價分析表中，必有的分析項目。
★13.單價分析表中，必有的分析項目。
★14.這裡的合計，是指★4指定單位的商數。

上項單價分析表只純粹就工程實際成本作單價分析，他與工程承攬的估算是不成比例的，例如：公司的品牌價值、廣告成本、公關成本、公司的營運成本、工程風險評估，這些潛在的施工成本，不可能出現在所謂的單價分析表上，但必須加上這些，才是真正的單價分析，不然；工程管理費可能增加到30%以上，那肯定沒有人會接受。

3-6 複價

複價欄位表示該項次工程估算的總價。如果工程估價單是使用officeExcel軟體計算，在該軟體自動加總的功能上，他不太出現錯誤的可能；但還是有出錯的可能，只要大致看一下複價有沒離譜即可。

如果是使用手寫的估價單，因人工計算難免會有錯誤產生，是有仔細點看的必要，但工程合約如果以總價承攬，在工程合約上，他不影響工程承攬總價的效力。

3-7 備註欄位

工程估價單多數都有備註欄位，其主要備註項目如下：

1.承攬責任：例如：當輕鋼架隔間承攬浴室隔間牆時，會標註「不含防水工程」。

2.工程品質：如塗裝工程的施工品質說明。

3.材料標註：補充施工圖不足的材料說明。

4.加工標註：補充說明工程加工方式。

5.工程估算數量說明：例如：說明材料損耗的計算。

以上對備註欄位的註記使用，只大略提出說明，舉凡有助於估價內容說明之幫助，均可註明在背註欄位中，說明的效力及於工程承攬契約。

肆、建築物的營造與修繕

建築物是一種供人類生活與活動的土木營造，而只要是附著在地表上的物體，就一定會隨著時間老化；或不合時宜。可能是建築物老舊；也可能是居住空間不足；或想更改使用目的，這都會讓建築物有機會改頭換面。

台灣這幾年；房市高漲，不要說年輕人買屋，想舊屋換新屋都換不起。拿30坪舊房子換30坪新房子，土地持分變少了，扣掉公共設施，原來三個房間，只剩下一間半。這種被剝削的感覺，讓很多人興起「舊屋翻修」的念頭，這其實是一種很合算的「換屋計畫」。

在《建築法》第9條：

四、修建：建築物之基礎、樑柱、承重牆壁、樓地板、屋架或屋頂、其中任何一種有過半之修理或變更者。

在台灣的建管單位還沒發過這張所謂的修建執照，可以這麼說；台灣連違建都拆不完，不可能有空去干涉屋主「修理」自己的房子，當然也不會有人為了修理自己的房子去申請執照。

多數的舊屋翻修而申請建照的，一定跟「增建」、「改建」有關，也就是說；一定為了申請變更建築物面積；或變更使用目的有關。這些變更都屬於建築管理的層面，只要你想變更的，在法令合理範圍內，建築師都能幫你做這些案件的申請。你要知道的是，舊屋翻修，有哪些可以使用的營造方式？

圖4-0-1　這是一棟剛完工的麵包餐廳，但他原來不是做為餐廳使用的建築物

圖4-0-2　他原本是一座加油站　照片提供／林軒凱建築師

4-1　舊建物的形態

建築物的形態大致分為（傳統建物除外）：

（一）獨棟建築物

建築物的整體土地持分完整，建築物產權獨立。這種建築物多數可四面採光、通風，與其他建築物有一定的棟距。

（二）雙拼建築物

建築物具有共用的分戶牆，可三面採光、通風。通常土地持分為共有。與其他建築物有一定的棟距。

（三）連棟建築物

也就是俗稱的「透天茨」建築。具有兩面的採光、通風。具有1～2面的共用分戶牆，多數為2～3層樓的建築物。

（四）集合型建築物

集合型建築物的採光、通風需靠天井設計。土地持分依據建築面積平

圖4-1-1　集合型住宅翻修比較難單戶處理

均持有，除一樓外，沒有獨立的進出口。其中的「公共設施」面積，完全不能獨立行使權利。

就一般所謂的「中古屋翻修」的的定義，指的是前述的第（一）（二）（三）項建築物，第（四）種集合型建築物，因樓地板、梁柱、分戶牆、外觀幾乎都是共有產權；或是受管理委員會的規約限制，根本無法獨立行使權利。

這些不同型態的建築物，在考慮所謂的翻修行為，也會有一些不同的因素考量。

4-2　舊建築物的建築結構

依據建築技術規則建築構造編的內容，目前台灣的建築物結構還是偏重在「鋼筋混凝土」的結構安全，木結構建築在建築產權的登記上，尚有進一步研究的空間。在建築物權狀上，建築物的建築結構，最常出現的還是「加強磚造」與「鋼筋混凝土」造。在這兩者建築結構的建築物外，建築物防震與防火係數評估，尚有所謂「第三級」建築物，也有待研究。

除了登記為「加強磚造」與「鋼筋混凝土造」的建築物外，現有的建築物，涉及中古屋翻修的情形不多。這是時代的產物，也是建築物本身的生命力，超過這個範疇，可能涉及的層面就不是單純「中古屋翻修」的問題了。

建築物依據建築結構設計，有一定的建築生命，也就是說；建築物是有使用壽命的。這通常是以現代建築技術，計算營建材料的抗候性、外力侵蝕等係數的結果。但也有例外：

建築物的翻修，必須考慮建築物本身的建築結構安全，他可能是依據

《建築技術規則》的規範；但也必須視實際屋況而定。也許必須為新建、改建或增建，又或許是修建。

屋況的使用年限會因建築材料與技術而影響；也會因人為或天然的災害而影響，他不能只是單純的「使用年限」去計算。就現代建築物的基本結構而言，主要有幾種建築型態：磚瓦木造、加強磚造、鋼筋混凝土造、鋼骨結構。以下就這三種建築結構做一個簡單的介紹（真的只是基本常識解說，因為我不是建築結構專業）：

圖4-2-1　在既有的基礎上進行補強作業　照片提供／林軒凱建築師

（一）磚瓦木造

主要垂直、水平應力牆版為砌磚構造，梁、柱、桁、拱、樓板為竹木結構，頂蓋多數為斜屋頂型式的建築物。這種建築物大多數已經40年以上，除非建築結構完整；或原建築結構堅固，使用年限已接近不堪使用的年限了。

（二）加強磚造

《建築技術規則建築》構造編第165條：

加強磚造建築物，指磚結構牆上下均有鋼筋混凝土過梁或基礎，左右

圖4-2-2　這棟磚瓦木造建築物有百年以上的歷史

圖4-2-3 先把磚牆砌好，再補強梁柱為鋼筋混凝土的工法，稱之為加強磚造

均有鋼筋混凝土加強柱。過梁及加強柱應於磚牆砌造完成後再澆置混凝土。

前項建築物並應符合第四節規定。

加強磚造建築物最常見與獨棟、雙併、四層樓集合住宅等建築物，約在民國60年之後開始出現。

（三）鋼筋混凝土造（RC造）

分別鋼筋混凝土造與加強磚造的差別，也就是分別哪種材料為主要承重結構。鋼筋混凝土造是指建築結構的梁、柱、樓板等主要結構，先使用鋼筋混凝土施工完成，再以磚、空心磚等材料為牆體材料的建築結構型式。

（四）鋼骨結構建築（SRC造）

鋼骨結構建築可分成鋼骨鋼筋混凝土、鋼骨結構、冷軋鋼結構等。鋼骨鋼筋混凝土建築物較常見於住宅型大樓，使用鋼骨為主要結構，加燒焊鋼筋後灌澆混凝土的建築工法。一般的工廠、辦公大樓鋼骨建築物，則較少使用鋼骨鋼筋混凝土工法，而使用防火批覆材料。

圖4-2-4　主要承重為鋼筋混凝土梁柱的工法，稱之為RC造

圖4-2-5　鋼骨結構混凝土造，使用鋼骨為結構，再澆灌混凝土的工法（照片提供／森城建設）

4-3　建築物的使用年限

《建築法》並無規定建築物的使用年限，不然也就沒有中古屋翻修這個名詞；更不會出現古蹟建築了。

行政院主計處《財產標準分類》房屋建築及設備分類明細表對各種建築物定有「最低使用年限」，這是為了不動產攤提計算使用，是最低使用年限，而非使用年限。以下簡單的介紹分類明細表中對各項建築構造最低使用年限的規定：

表4-3-1　行政院主計處房屋建築最低使用年限

名稱	單位	主要材質	最低使用年限	備註
廠房	幢或式	鋼筋混凝土	45	註明建築物受非自然侵蝕可降低的使用年限
		鋼鐵架構	40	
		加強磚造	30	
		磚石牆載重	25	
		磚石牆木柱	20	
公務及營運用房屋		鋼骨、鋼筋混凝土	60	
		鋼筋混凝土	55	
		鋼鐵結構	50	
		加強磚造	35	
		磚石牆載重	30	
學校房屋		鋼骨、鋼筋混凝土	60	
		鋼鐵結構		
		加強磚造	30	
		磚石牆載重	25	

簡單的說：除天災地變的影響外，這份分類表主要的目的在於規範「財產」的「報廢」年限，而非使用年限。

另依據台北市政府地政局對建築改良物耐用年數及每年折舊率表如4-3-2。

一般民間對建築物使用年限有50年的說法，這是普遍對建築物的結構材料的一種計算印象。這個說法是以混凝土1年中性化為1mm作為計算標準而來，假設鋼筋外層保護的混凝土為4公分，外加1公分的砂漿粉光，共計5cm，正好可以保護鋼筋免於鏽蝕50年。

表4-3-2　臺北市地價調查用建築改良物耐用年數及每年折舊率表

主體構造種類		耐用年數	每年折舊率（%）
鋼骨造		60年	1.4
鋼骨鋼筋混凝土造			
鋼筋混凝土造		60年	1.5
加強磚造		52年	1.8
鋼鐵造		52年	1.8
磚造		46年	2.1
石造		46年	2.1
木造	雜木除外	35年	2.8
	雜木	30年	3.3
土磚混合造		30年	3.3
土造		18年	5.5
竹造		11年	9

這只是一種基本的使用年限計算方式，事實上，建築物的使用壽命會因營造工法、材料、使用維護及天然災害等因素，而讓建築物的壽命有長有短。一樣是海島型氣候，對於混凝土中性化的計算，日本是以1公分30年計算，所以鋼筋外層3公分的混凝土，他的使用年限就可以達到90年。

木造建築物的使用壽命，其實可能可以比磚造或鋼筋混凝土造的建築物還更高的使用年限，這也要分建築材料與工法的應用，並且與當地氣候有關。在大陸福州市有一處「三坊七巷」的古蹟建築群，建築型式為閩南臥瓦建築，百年以上的建築物，丹堊不施，梁柱不折不爛。日本京都更有許多木造建築物，已經幾百年屹立不搖。

建築物因材料使用不當，而影響使用壽命的情況，當屬「海砂屋」最為為一般人所熟知。海砂並不是不可以使用在建築物的混凝土中，在《結構混凝土施工規範》中，對於混凝土的細骨材有以下說明：

圖4-3-2　這棟在福州三坊七巷內的木造建築物已經超過百年的歷史

圖4-3-1　這樣的清水模建築不可能只為了使用50年吧！

表4-3-3　混凝土的骨材規範

2.5骨材 2.5.1各種混凝土骨材須符合之相關規範如下： (1)混凝土骨材：CNS1240〔混凝土粒料〕 (2)結構用混凝土之輕質骨材：CNS3691〔結構用混凝土之輕質粒料〕 (3)混凝土用高爐爐碴粗骨材：CNS11824〔混凝土用高爐爐碴粗粒料〕 (4)混凝土用高爐爐碴細骨材：CNS11890〔混凝土用高爐爐碴細粒料〕

混凝土所用之細骨材應爲潔淨之天然河砂或由品質良好山礦石所製造之機製砂。陸上開採之骨材須特別注意鹼質與骨材潛在反應（鹼骨材反應），其判定基準詳CNS1240。

海砂（包括沿海地區地下挖出之砂）若含鹽分不符合CNS1240之規定者，不得用做混凝土細骨材。

4-4 建築物的改良與使用

中古屋翻修的目的與使用，大致可分為改良使用、增建、變更使用等，這在一些法規上會有不同的適用。不同的使用目的，需考慮不同的工法與材料，也與營建成本有關，而在相關建照的申辦流程也不一樣。

（一）建築物改良使用

通常在建築結構不需修補、不增加使用面積、不改變使用用途的情況下，這種翻修工程是最單純的。可能的施工項目如下：

1. 外觀拉皮

這通常會發生在獨棟、雙併、透天厝的建築物，其因產權獨立，在建物景觀上有權力自行主張粉刷材料之使用與更新。外觀拉皮屬於外裝修工程的一部分，在不損及他人權力、不影響建築結構的情況下，是不需要申請建築執照的。

圖4-4-1　建築物會進行外觀拉皮的工作，很多時候是為了美觀及安全

外觀拉皮還可能因為外牆粉刷材料剝落、滲水、牆體龜裂等原因，而必須進行重新粉刷，並非只是為了美觀。在評估重新粉刷之前，必須把一些相關介面工程一起的翻修工作做統合設計，不要只重視面子，而忘了裡子。

2. 室內裝修

依據《建築物室內裝修管理辦法》：

第二十五條　室內裝修圖說應由開業建築師或專業設計技術人員署名負責。但建築物之分間牆位置變更、增加或減少經審查機構認定涉及公共安全時，應經開業建築師簽證負責。

本條文所謂的「經審查機構認定涉及公共安全時，應經開業建築師簽證負責。」規定，實際上是為了鉗制專業設計技術人員的既有權力而制定的，等於把原本不用建築師簽證的業務，反而明目張膽的圖利建築師團體，讓百姓負擔《中央法規標準法》第6條規定以外之負擔：

應以法律規定之事項，不得以命令定之。

這是依據《憲法》第15條：

人民之生存權、工作權及財產權，應予保障。

但原本裝修不用審查的權利，被政府剝奪，一紙命令──《建築物室內裝修管理辦法》，圖利特定團體予取予求。百姓自己的房子改個隔間，變成要給建築師蓋章，隨便就要個10萬8萬，就不知道《建築法》哪裡賦給建築師這些權利。

而原本有自由工作權的裝修業者，因為一紙命令，為了餬口，為了工作，被一些勾結特定團體的無恥官員，剝皮一次又一次。而結果：最早的《建築物室內裝修管理辦法》版木「專業設計技術人員」具有獨立執行業務的權利。當這些人被騙去參加「培訓」，花了一萬多元的費用，通過考試取得資格之後：內政部營建署這些無恥官員，竟然可以把原始條文刪改：然後變本加厲，要參加培訓的，需先取得「乙級技術士」，補習先花個幾萬元，取得資格後，參加培訓再花個一萬多，然後：四年再剝一次皮。

這樣花錢也就算了，結果是被「裝肖ㄎ」，還是認為這個專業資格是假的，所以你要改個隔間還是要花個幾萬銀子去給建築師審查。

可能有些官員或是既得利益的建築師已經知道有些錢可能拿的「違憲又違法」，所以，在民國103年第一批次建築物專業技術人員回訓課程，我參加中華民國室內裝修商業同業公會舉辦第三梯次課程時，就此向講課的台北市政府建管處官員提問，要求明確回應具有建築物室內裝修專業設計技術人員可不可以簽證室內隔間？

得到的回答是：

台北市政府建管處內部共識（就台北市政府），非承重分間牆，磚造厚度12cm以下或輕隔間牆，「得」由專業設計技術人員規劃及簽證。

這是該官員回應的概意，當堂課有7～80人在，應該也會有錄音檔供查證，不然主辦單位也太混了。

圖4-4-2 依《建築物室內裝修管理辦法》之規定，你要在這廚房釘天花板，就必須申請室內裝修審查

以上的說明，可能讀者會認為是「狗咬狗——嘴毛」，但真的不是，是攸關讀者的切身權益。當裝修變更簽證權回歸在室內裝修設計專業人員的身上（室內設計師），業主對於簽證費用較有商討空間，並且：空間變更的靈活度較有方便討論的機會，最重要的是：就《建築法》的母法而言，並沒有給於建築師這些權利，百姓真的沒有義務花這些冤枉錢。

3. 水電管路配線

水電管路配線的問題，在中古屋翻修上不是問題，而是一項必須也重要的翻修工作。在工作經驗上：通常會做所謂中古屋翻修的建築物，建築年份都20年以上，水電配管線可能面臨以下一些問題：

圖4-4-3　舊裝修拆除後常可以看到這樣一團亂的電線

(1)水管管壁硬化、老舊

也可能因天然災害引起一些毀損，並因舊建築法規、材料與施工技術的差異，有些管路不合時宜。利用翻修機會重新配置管路，讓翻修工程做的徹底。並且重新建立水電管路配置圖，以利後續維修。

(2)電路配管線

幾十年前的家庭用電沒有現在複雜，一般老舊的建築物，常可見總用電容量為50A、60A，這根本不符合現代人基本用電需求。現代化家用電器一直朝省電節能做設計，耗能可能降低到以前機種的一半；但現代人使用電器用品的種類，卻超過2～30年前的一倍以上。

以前沒考慮過的用電設備，現在可能變成生活必需品；例如：分離式冷氣機、電熱水器、烤爐、電熱爐、除濕機、微波爐、烘碗機、洗碗機……。當你把這些電氣設備同時打開，很可怕。這是假設，但用電量就是這樣設計的。

用電容量的改變，會涉及接戶線及表後線的過電流線徑規格變更，在不違反電力公司供電契約範圍內，只需更換線路即可。如為改變用電契約內容，應依相關規定申請用電變更。

老舊電路線不是只有用電需求而已，也涉及線路、線材老化的問題。同時，建築物經過幾十年的使用，或者更改線路配線，或者使用者任意變更，可能已經讓線路配線紊亂。利用機會從新做電氣配線設計，是一個需要的施工行為。

(3)資訊網路配線

幾十年前的資訊網路配線不普及，包含電話線、第四台、監視器等線路配線可能都沒有。這些管路配線，可藉用舊屋翻修時，統合配管施工。

(4)智慧型住宅

智慧型住宅的構想在二十幾年前就被提出，但當時的科技還不成熟。現階段的智慧型住宅，已經可以發展到與網路資訊系統結合，透過一支手機，可以讓你隨時掌控標的建築物內外的一草一木、聲光化電。但這同時也需付出很可觀的代價，你的所有家電都必須是數位產品，所有設備都必須能藉由電子數位操控。並且；因大量的管路配線施工，必需使用水平及高度空間，而讓空間面積減損。

在一般的舊建築物改良，就使用效力成本的考量，不建議這方面的設計，因為成本太高。而舊建築要配合這方面的施工，施工成本太大，這可能是舊建物翻修所必須捨去的理想。

圖4-4-4　門窗的更換有時也是安全上的考量

4. 門窗

二、三十年前的建築物，門窗材料可能有木料、也可能是鋁門窗，這兩種門窗材料應用於建築，有很長一段重疊的時間。不論使用哪種材料，經過二、三十年的風雨及建築材料自然退化，可能介面出現位移、滲水、結構變形，確實有一體更新的必要。

5. 天地壁

所謂「天地壁」是裝修業對工程施工介面的一種習慣用語，不是正確的施工順序。通常在二、三十年前的老房子，還存在「空殼屋」交屋的交易年代，也就是建築物交屋的時候，除了一間浴室外，整間房子完全是淨空的。

這裡所稱的天地壁，就是指上述那種淨空的建築物，不論現況為何，中古屋翻修的基本條件，就是先把房子淨空到最原始的程度，這有利於檢視建築物堪用狀況，有利於空間整體規劃，更有利於節省施工成本。

通常；當一間房子能淨空到這種程度，可以有很大比例的可以判斷房屋老舊的程度，有助於評估需增加或不必的整修項目。例如：壁癌、滲漏水、牆體龜裂、澎空、地板粉刷材料等，須一體更新或尚可堪用等。

圖4-4-5　有些整修工程在拆除後才有辦法更確認進一步的整修需求

4-5　建築物增建

建築物增建的情形會發生在舊建築物翻修、建築物使用用途變更等情形，都需委託建築師辦理建照申請。

建築設計與裝修設計最大的不同點是，建築物的使用用途可以是一種大分類；但裝修設計卻是一種量身訂做的設計。建築物能否增建多少，需由建築師依法規檢討、規劃。建築物的用途，則是需依政府公告的都市計畫使用區分，他的使用目的需依法規。使用區分是一種大原則，不會規範到小細節，例如：商業區、工業區、文教區、住宅區，在「區」裡面又有一些其他規定。

在考慮增建的過程當中，如果只是為了增加建物面積而增建，那另當別論。如果建築物的使用用途已經確認，其中牽涉到營業使用、企業識別、商業風格等，有需要先進行內部裝修規劃，再轉換成建築結構設計。這才不會造成像一般建築物的室內設計，需「削足適履」的情況。

表4-5 建築物主從用途關係表

主用途使用組別 ╲ 從屬用途使用組別		A類（公共集會類）		B類（商業類）				C類（工業、倉儲類）		D類（休閒、文教類）					E類（宗教、殯葬類）	F類（衛生、福利、更生類）				G類（辦公、服務類）			H類（住宿類）
		A-1	A-2	B-1	B-2	B-3	B-4	C-1	C-2	D-1	D-2	D-3	D-4	D-5		F-1	F-2	F-3	F-4	G-1	G-2	G-3	H-1
D類	D-1	○	○	×	×	×	○	×	×		×	×	×	×	×	×	×	×	×	×	×	×	×
	D-2	○	○	×	×	×	○	×	×	×		×	×	×	×	×	×	×	×	×	×	×	×
	D-5	×	×	×	×	×	×	×	×	×	×	○	○		×	×	×	×	×	×	×	×	×
F類	F-3	○	×	×	×	×	×	×	×	×	○	○	○	○	○	○	○		×	×	○	×	×
G類	G-2	○	○	○	○	○	○	△	△	○	○	○	○	○	○	○	○	○	○	○		○	○
	G-3	○	○	○	○	○	○	△	△	○	○	○	○	○	○	○	○	○	○	○	○		○
H類	H-1	×	×	×	×	×	×	△	△	×	×	×	○	×	×	×	×	×	×	×	×	×	

說明：

一、○指表列各從屬用途之合計樓地板面積符合本辦法第六條第一項第三款規定者，其與對應之主用途具有從屬關係。

二、△指表列各從屬用途之合計樓地板面積同時符合本辦法第六條第一項第三款及建築技術規則建築設計施工編第二百七十二條規定者，其與對應之主用途具有從屬關係。

三、×指對應之使用組別未具從屬關係。

四、本表所列E類別之主用途，以宗教類相關場所為限。

五、依建築技術規則規定採用建築物防火避難性能設計或依同規則總則編第三條之四規定領有中央主管建築機關認可之建築物防火避難綜合檢討計畫書及評定書之建築物，不適用本表規定。

4-6 變更使用

《建築物使用類組及變更使用辦法》第3條：

建築物變更使用類組時，除應符合都市計畫土地使用分區管制或非都市土地使用管制之容許使用項目規定外，並應依建築物變更使用原則表如附表三辦理。

第四條　建築物變更使用類組規定檢討項目之各類組檢討標準如附表四。

有關建築物的使用變更，屬於建築師執行業務，只簡略引述部分相關規定，聊備一格，讀者對於建築物之使用變更，應以詢問專業建築師的意見為準。

表4-6-1　第三條附表三、建築物變更使用原則表

原使用類別、組別 變更使用類別、組別		A		B				C		D					E	F				G			H		I
		1	2	1	2	3	4	1	2	1	2	3	4	5		1	2	3	4	1	2	3	1	2	
公共集會類（A類）	A-1		☆	○	○	○	○	○	○	○	○	○	○	○	○	○	○	○	○	○	○	○	○	○	◎
	A-2	☆		○	○	○	○	○	○	○	○	○	○	○	○	○	○	○	○	○	○	○	○	○	◎
商業類（B類）	B-1	※	※		☆	※	※	○	○	○	○	○	○	○	○	○	○	○	○	○	○	○	○	○	◎
	B-2	※	※	☆		※	※	○	○	○	○	○	○	○	○	○	○	○	○	○	○	○	○	○	◎
	B-3	※	※	☆	☆		※	○	○	○	○	○	○	○	○	○	○	○	○	○	○	○	○	○	◎
	B-4	※	※	※	※	※		○	○	○	○	○	○	○	○	○	○	○	○	○	○	○	○	○	◎
工業、倉儲類（C類）	C-1	○	○	○	○	○	○		△	○	○	○	○	○	○	○	○	○	○	○	○	○	○	○	◎
	C-2	○	○	○	○	○	○	☆		○	○	○	○	○	○	○	○	○	○	○	○	○	○	○	◎
休閒、文教類（D類）	D-1	☆	☆	☆	☆	☆	☆	※	※		☆	☆	☆	△	○	○	○	○	○	○	○	○	○	○	◎
	D-2	☆	☆	☆	☆	☆	☆	※	※	☆		☆	☆	△	○	○	○	○	○	○	○	○	○	○	◎
	D-3	※	※	※	※	※	※	※	※	☆	☆		☆	△	○	○	○	○	○	○	○	○	○	○	◎
	D-4	※	※	※	※	※	※	※	※	☆	☆	☆		△	○	○	○	○	○	○	○	○	○	○	◎
	D-5	※	※	※	※	※	※	※	※	☆	☆	☆	☆		○	※	※	※	※	※	※	※	※	※	◎
宗教類（E類）	E	※	※	※	※	※	※	※	※	※	※	※	※	※		※	※	※	※	※	※	※	○	○	◎
衛生、福利、更生類（F類）	F-1	※	※	※	※	☆	☆	※	※	☆	☆	☆	☆	☆	※		△	△	△	※	※	※	○	○	◎
	F-2	※	※	※	※	☆	☆	※	※	☆	☆	☆	☆	☆	※	☆		☆	△	※	※	※	※	※	◎
	F-3	※	※	※	※	☆	☆	※	※	☆	☆	☆	☆	☆	※	☆	☆		△	※	※	※	※	※	◎
	F-4	※	※	※	※	※	※	※	※	※	※	※	※	※	※	☆	☆	☆		※	※	※	※	※	◎
辦公類、服務類（G類）	G-1	※	※	☆	☆	☆	☆	☆	☆	☆	☆	☆	☆	☆	☆	☆	☆	☆	☆		△	△	※	※	◎
	G-2	※	※	☆	☆	☆	☆	☆	☆	☆	☆	☆	☆	☆	☆	☆	☆	☆	☆	☆		☆	☆	☆	◎
	G-3	※	※	☆	☆	☆	☆	☆	☆	☆	☆	☆	☆	☆	☆	☆	☆	☆	☆	☆	☆		☆	☆	◎
住宿類（H類）	H-1	※	※	☆	☆	☆	☆	☆	☆	☆	☆	☆	☆	☆	☆	☆	☆	☆	☆	☆	☆	☆		☆	◎
	H-2	※	※	☆	☆	☆	☆	☆	☆	☆	☆	☆	☆	☆	☆	☆	☆	☆	☆	☆	☆	☆	☆		◎
危險物品類（I類）	I	◎	◎	◎	◎	◎	◎	◎	◎	◎	◎	◎	◎	◎	◎	◎	◎	◎	◎	◎	◎	◎	◎	◎	

表4-6-2　附表一、建築物之使用類別、組別及其定義

類別		類別定義	組別	組別定義
A類	公共集會類	供集會、觀賞、社交、等候運輸工具，且無法防火區劃之場所	A-1	供集會、表演、社交，且具觀眾席之場所
			A-2	供旅客等候運輸工具之場所
B類	商業類	供商業交易、陳列展售、娛樂、餐飲、消費之場所	B-1	供娛樂消費，且處封閉或半封閉之場所
			B-2	供商品批發、展售或商業交易，且使用人替換頻率高之場所
			B-3	供不特定人餐飲，且直接使用燃具之場所
			B-4	供不特定人士休息住宿之場所
C類	工業、倉儲類	供儲存、包裝、製造、檢驗、研發、組裝及修理物品之場所	C-1	供儲存、包裝、製造、檢驗、研發、組裝及修理工業物品，且具公害之場所
			C-2	供儲存、包裝、製造、檢驗、研發、組裝及修理一般物品之場所
D類	休閒、文教類	供運動、休閒、參觀、閱覽、教學之場所	D-1	供低密度使用人口運動休閒之場所
			D-2	供參觀、閱覽、會議之場所
			D-3	供國小學童教學使用之相關場所（宿舍除外）
			D-4	供國中以上各級學校教學使用之相關場所（宿舍除外）
			D-5	供短期職業訓練、各類補習教育及課後輔導之場所
E類	宗教、殯葬類	供宗教信徒聚會、殯葬之場所	E	供宗教信徒聚會、殯葬之場所
F類	衛生、福利、更生類	供身體行動能力受到健康、年紀或其他因素影響，需特別照顧之使用場所	F-1	供醫療照護之場所
			F-2	供身心障礙者教養、醫療、復健、重健、訓練、輔導、服務之場所
			F-3	供兒童及少年照護之場所
			F-4	供限制個人活動之戒護場所

類別		類別定義	組別	組別定義
G類	辦公、服務類	供商談、接洽、處理一般事務或一般門診、零售、日常服務之場所	G-1	供商談、接洽、處理一般事務，且使用人替換頻率高之場所
			G-2	供商談、接洽、處理一般事務之場所
			G-3	供一般門診、零售、日常服務之場所
H類	住宿類	供特定人住宿之場所	H-1	供特定人短期住宿之場所
			H-2	供特定人長期住宿之場所
I類	危險物品類	供製造、分裝、販賣、儲存公共危險物品及可燃性高壓氣體之場所	I	供製造、分裝、販賣、儲存公共危險物品及可燃性高壓氣體之場所

伍、建築物營造與裝修介面

舊建築物整修多數已經有使用目的，更可能已經確認使用需求，這樣的工程設計，應考慮配合裝修需求做整體規劃，避免重複施工的事情發生。而建築營造與裝修工程有許多介面、不同的工程也會產生介面，這與工程設計與施工整合有很大的影響，有需要在規劃之初做有效的統籌。

現在的建築物營造概念，把越來越多的生活機能帶進來建築物的營造規劃當中；但不一定是合乎使用者的需求。例如常見的「豪宅」廣告，好像把房子主人一家大小一年四季的生活都考慮的無微不至，但那都是一種「自以為的理想」，甚至是只是為了配合建築規劃的一種「廣告」說詞而已。就使用機能而言，「住家」畢竟不是去住旅館，短暫的三兩天，可以遷就。家之所以為家，是因為他會注入人的生命，所以會有不一樣的風格。

舉我剛完成不久的一個建築物增建與使用變更的案子說明，這個案子位於龜山工業區附近，原建築物是一座加油站。加油站廢棄之後，業主向地主承租土地及地上物，然後委請建築師規劃為「飲食店、店鋪」用途。

圖5-0-1　地質改良工程　照片提供／林軒凱建築師

建築物增建規劃是由建築師處理，但建築物的用途很明確的是要做為餐廳及店鋪。總共兩層半的建築物，一樓為販賣麵包的店面及廚房、二樓以上為餐廳，並已確認供餐主題；一樓賣法國麵包、二樓以上是法國餐廳。

在建築物規劃之初就確定建築物使用目的，對建築設計與室內設計是有很大幫助的：可以讓建築風格有方向性、可以讓室內裝修的設計有方向性，並有效幫助規劃營運所需的動線規劃，讓整體企業風格完整。

這個建築物營造與裝修工程有一些特殊的工

程發包，營建工程為一個標的、裝修工程為一個標的。營建工程包含機電；當然也包含水電、消防工程，並且，裝修工程的水電也包含在營建工程的標的之中。

圖5-0-2　內裝天花板裝修前的消防及電氣管線

到這個工程驗收交屋，我都搞不清楚，這水電工程如何在完工後辦理工程追加；因為在室內設計完成之前，他根本無法就裝修的部分做工程估算。而在裝修工程其間，水電承攬因與裝修承攬不是同一標的，又「設備」屬「內場」權責，又是一個對口單位，這很容易混亂工程。

舊建築的翻修當然不一定是為了「自用」，但與新建物做比較，舊建築物整修時，其使用目的的確認性高於新建築物。當整修建築物有確定使用目的時，有必要同時考慮裝修設計需求。這可以節省很多施工成本，並且讓施工品質更完善。

建築營造與裝修所用的材料大致有以下的考量。

5-1　結構材料

建築結構要用何種結構方式，並非由建築師指定的，他必須經由結構計算，及合符業主的工程預算而來。我們舉台北大巨蛋的硬體結構來簡單說明：所謂「巨蛋」；是因東京體育館（TokyoDome）的開幕，Dome原文意思為建築物的大圓頂，而有頂蓋的大型體育館像一顆大巨蛋，當時開幕時的活動標語BigEntertainment&GoldGame，因而被簡稱為BIGEGG。

不管有頂蓋的大型競技場館是不是都叫「巨蛋」，而是要知道這個「頂蓋」的功能與工程結構。簡單的說：大型競技場館的頂蓋可分成半開放式、密閉式、活動式。其中以活動式的頂蓋工程最為複雜，工程成本也最高。不論是使用充氣、伸縮等工法技術，他都可以肯定施工成本比固定密閉式的高，也可以說：就高端建築技術而言，台北這顆巨蛋的建築技術，應該不會在營造技術上留下驚豔。

圖5-1-1　1964年由丹下健三設計的東京代代木體育場

言歸正傳：我們還是回來談建築物的基本結構材料，這在建築物新建或是增建時的修築上，是一定會被應用的。一般建築物的結構大約有下列幾種，我用梁、柱、樓板、牆、頂蓋做一個概略的介紹：

（一）梁柱

建築物的梁柱多數會使用同一種材料作為結構，常使用的結構型式有：實木梁柱、鋼材結構、鋼骨結構、鋼筋混凝土、鋼骨混凝土，結構技術工法不一樣，同時也影響施工成本。但以小型住宅建築物而言，並沒有這麼複雜的考慮，主要選擇是施工的方便性、施工可行性及施工成本。

圖5-1-2　舊建築物的結構可以因建築物增建承重所需，做必要的梁柱補強
照片提供／林軒凱建築師

（二）樓板

樓板是指上下層的分隔構造，必須具有一定載重能力的構造物，其載重規定可見於《建築技術規則》。依建築物的使用目的，樓板可使用的結構方

式有：鋼材結構骨架木樓板、木材結構骨架木樓板、槽鐵預鑄鋼網混凝土樓板、鋼筋混凝土樓板、預鑄中空樓板。

有些工法的應用會關係到工程規模，就所謂中古屋翻修而言，多數的情況下，其建築結構工法與材料的選擇，會選擇與原建築物同樣的材料與工法，除非這個工法與材料已經無法使用，或因原施作工法在現階段無法符合施工成本，需用新的工法與材料替代。

（三）牆

建築物的牆分成「剪力牆」與「承重牆」，在使用空間區分上，又可分為「分戶牆」、「分間牆」、「防火牆」。

牆的規格與材料應用，會針對需求而設計：

1. 剪力牆

牆體承擔建築結構的水平、垂直應力的構造物。剪力牆並不是印象中一定要使用鋼筋混凝土結構。而是因應整體建築結構，能承擔應力的構造物。在磚木構造建築物當中，一樣會有「剪力牆」的設計，他會依據經驗工法，利用結構力學，產生結構物。

剪力牆的構造，本身會有強度要求，最簡單的例子：通常做為「分戶牆」的牆體，一定比「分間牆」厚，這其中就有分戶牆需擔任剪力牆功能的設計目的。磚木構造建築

圖5-1-3　樓層板的鋼梁補強

圖5-1-4　剪力牆通常是一種不開口的設計
照片提供／林軒凱建築師

而言，也會有剪力牆的設計，其構造也顧及水平、垂直應力，他承受的應力，需以頂蓋及建築高度有關。

剪力牆一般不會有「開口」的設計，也就是在柱與柱之間，這堵牆體的設計應該是密閉式的，使用的材料只要能符合「建築技術規則」即可。材料與規格的設計，主要是針對氣候、使用需求、工程預算而定，但不能低於最低建築成本。

2. 承重牆

承重牆多數設計在加強磚造的建築結構；或協助減少屋梁跨距的承重，依承重載重規格而設計，為建築結構的一部分。

承重牆主要是承受的垂直的重量，結構設計依結構計算。其簡單的概念是：當樓板為木結構樓板時，依據梁拱的跨距、樓板的靜載重及負載重，設計需支撐的點或構件。承重設計在單點負載重大於平均負載重時，在下部有絕對承重結構時，需做載重分散的設計。最常見的狀況如：樓頂加裝水塔或是冷卻水塔，這很多情況是未預作加強承重設計的。

圖5-1-5　承重牆會設計在梁下，協助承載梁板的重量，並減少梁柱的跨距，依規定是不可以拆除的

承重設計並非一定是鋼筋或鋼骨材料，假設樓板為木結構，其本身的靜載重就比鋼筋混凝土輕。樓板承重的計算單位是kg　cm2，他會因為材料與材料結構不同，而影響承重效力。以單層載重而言，木結構樓板在梁拱構件規格均可承受需求負載重時，他的承重牆可能是一座衣櫃的筒身結構，就能加強其承重的百分比。

圖5-1-6　集合住宅，隔離大門內外的牆體，稱之為分戶牆

圖5-1-7　大門內的空間再進行空間分割的牆體，稱之為分間牆

3. 分戶牆

所謂「分戶牆」，係指「分隔住宅單位與住宅單位或住戶與住戶或不同用途區劃間之牆壁」。這是在雙併以上建築物才會出現的建築構件。

一般舊屋翻修不可能涉及分戶牆的更動，不論是雙併、連棟建築物，除非整棟改建，一般中古屋翻修工程，分戶牆是不能動的。

4. 分間牆

「間」的定義是指建築物柱子與柱子距離內，隔離的空間。其目的在界別單位建築物內部的使用機能，其結構與建築結構的承重與應力並不相干，是屬於裝修工程的範疇。

除涉及公共安全的場所外，分間牆所使用的材料並沒有限制，主要設計重點在生活機能。例如：磚隔間、白磚隔間、輕鋼架隔間、木板隔間，在住家場所都不是法規限制的，但選擇何種結構設計，可能跟隔音、安全、耐燃、耐用年限、美觀、質感等有差，也跟工程預算有差。

5. 防火牆

屬防火設備並應具有一小時以上之阻熱性功能的牆體。主要是用於防火區劃的避難逃生，這部分會由建築師設計。

（四）頂蓋

建築物的頂蓋及門框是最容易表現建築風格的構造。如中國的宮殿建築、閩南式建築、日本黑瓦、文藝復興、巴洛克、伊斯蘭……等，透過明顯頂蓋建築風格，而彰顯區域建築風格的特性。

台灣經過荷蘭、明鄭時期、清朝、日據到國民黨統治近70年，四百年來，台灣一直都找不到屬於自己的「台灣建築風格」。很幸運的；經過現代台灣人的努力，終於讓台灣出現一種世界少見的台灣風格——彩色鋼板。

圖5-1-8　具有台灣建築特色的彩色鋼板頂蓋

彩色鋼板搭配C型鋼材，無疑是目前最廉價與最快速的頂蓋結構與敷面材料，同時也是醜化都市景觀的利器。與傳統的建築材料相比，例如：銅皮、鋼筋混凝土、黑瓦、紅瓦、陶瓦、水泥瓦、浪板，彩色鋼板是最廉價的。質輕、隔音係數差，下雨的時候很吵人，但同時也是最不耐用的敷面材料，尤其是在台灣這種海島型氣候的地區。

具有防水功能的敷面材料，多數會用在設計為有洩水坡度的屋頂，除因材料老化、破損之外，在施工正確的情況下，不容易產生漏水現象。所謂「有洩水坡度的屋頂」，是指屋頂的坡度在10%以上的頂蓋設計，除所謂的「平頂洋房」之外，多數的建築型式都算是有坡度的頂蓋設計。

在台灣最容易出現屋頂漏水的建築物頂蓋是平頂洋房，他的原始構造大致為：鋼筋混凝土→防水敷面層→隔熱被覆。會發生屋頂漏水的原因可能是：

1. 建築物結構老舊

鋼筋混凝土的壽命除了受時間影響之外，也受施工品質、環境因素的影響，所以：頂蓋的鋼筋混凝土結構，沒有想像中的使用壽命。

2. 防水敷面層的老化龜裂

最早期的頂蓋防水敷面施工，使用水泥砂漿+防水劑+七厘石鏝灰粉光，後來有陣子使用油毛氈 + 柏油 + 保麗龍 + 隔熱磚，後期則使用防水塗料+保麗龍+隔熱磚。

就經驗法則：防水塗料（包含油毛氈）的防水效果，在直接接受風雨及陽光直曬的狀況下，不容易超過七年的壽命，在其上面加一層隔熱磚或有延長使用期限的可能。最古老的水泥砂漿+防水劑+七厘石鏝灰粉光工法，除非受建築物結構影響，在直接接受風雨及陽光照射下，其效果一般高於七年以上。如果其上再加鋪設隔熱材料，效果會更好。

3. 排水功能的影響

排水功能包含：洩水坡度的維持（最少為1.5%）、排水管的暢通、排水口清潔。建築結構受環境及本身應力的影響，有變形的可能，會連帶影響洩水功能，並使防水敷面材料破損。排水管長年使用之下，可能下層住戶不當接管，管路破損、淤積而堵塞。排水孔蓋可能因雜物、泥砂而堵塞。

排水功能造成屋頂積水，久而久之一定影響防水材料的功能，進而破壞防水層，造成屋頂漏水現象的產生。

（五）門窗

門窗在建築分類上屬於「裝修工程」，當然：裝修工程在建築物營造的工程當中，是屬於全體營造的一部分。但當舊屋翻修不涉及建築執照的申請時，裝修行為不用委託營造廠承攬，而是室內裝修業可以獨立執行業務的施工項目。

圖5-1-9　窗或落地窗，除了風格設計，有時必須配合安全避難逃生之規定
照片提供／林軒凱建築師

舊屋翻修很少不同時整修門窗，尤其是遇到原本不合理的門窗設計時。我曾遇到過一戶四樓公寓的大門，門寬竟然只有75公分的，可以肯定他有可能連一台大型冰箱都抬不進去，原業主竟然可以容忍近二十年。這樣的大門在簡單「風水學」及實際使用上，根本不符現代生活所需，而勢必得加大門框。

當時的門框之所以會被限制在75公分，主要是原建築設計有瑕疵，大門旁邊的柱子設計不當。這當然會更動原建築結構，我無法在這裡說明遇到這種情形該如何更動梁柱，而必須強調，有關建築結構的承重與應力變動，需經由專業計算，不得不說；這裡所謂的「專業」是指建築師、土木技師、結構技師。

門窗的材料講究材料的耐候性，尤其像台灣這種海島型氣候的地區。早期的建築還可見木質材料，通常為針葉樹材。就材料的介面特質而言，木材與混凝土附著性是不好的，這也是造成早期建築物使用實木材料做為門窗時，防水效果不好的原因。除了具有文化歷史或是特殊風格建築外，舊屋翻修在門窗材質的選擇上，不用拘泥於原材質；尤其是現在使用實木材料根本不敷價值成本。

門窗更新的材料與型式功能大致有：

圖5-1-10　大門的設計應配合建築物的用途與設計風格

圖5-1-11　這夠防盜了吧！

1. 大門

大門的型式最少會是可以阻隔內外視線與耐風雨的材料，本身具有安全及美觀的功能。從最早的實木、仿實木雕刻、鋼材、不銹鋼、硫化銅門……等，發展到最新的鋼木門。大門材料與造型的演化很能表現居所的氣派與安全功能，隨之演化的含包含門鎖與鉸鍊創新設計。

以最新式的鋼木門而言，鋼構材質可以加強居家安全，實木敷面設計可讓大門增加氣派美觀，惟一的缺點是：造價太高。鋼材與混凝土的介面，可以比木材有較高的密合度，穩固性高。正確的施工方式是將鋼材門框與柱子鋼筋焊接在一起，可有效增加大門牆體的應力。

在選擇建材的材料與材質時，很多業主會陷入一種不必要的困擾；就是眼高手低。鋼木門可能是現在最安全氣派的門框材料，但造價真的很高，比簡單的一樘不銹鋼門或硫化銅門，可能超過10倍甚或以上的造價差。材質選配，量力而為，適可而止。

2. 防盜門

我真的不喜歡「防盜門」的設計，他讓一個家變成好像一個牢房。到目前為止；好像還沒有一個門鎖是小偷開不了的（不要拿金庫鎖相比），如此；把大門加裝一道鎖，跟加裝一道所謂的防盜門，並沒有多少差別。

防盜門與建築構造的門窗無關，只是有些人不多裝一扇門，怕晚上睡不著覺。

3. 窗

除了玻璃帷幕牆，窗子的材料有實木、鋁合金、鋼材、不銹鋼、玻璃、塑鋼……等。其中的實木窗框，因材料單價、材料與建築物材料介面的防水功能等因素，已很少會被房屋翻修工程所考慮。而塑鋼材料，經過多年的使用，發現他不是一種結合美觀與實用的材料，在造價單位成本差異不大的情形下，並不是很普及的應用材質。

細項的分類有：

(1)閉合型式

落地窗、觀景窗、對拉窗、推窗、可潰式內推窗。

(2)功能

風雨窗、氣密窗、隔音窗、防盜鋁門窗。新型的鋁合金射出成型與應用膠條推陳出新，構造越發精密，功能也越複雜，相對的；價差也越大。

(3)**玻璃**

清玻璃、強化玻璃、茶玻璃、抗UV玻璃、防爆玻璃、隔音玻璃、膠合安全玻璃、鍍膜玻璃、鑲嵌玻璃、彩繪玻璃、節能玻璃……。

除法規的規定外，玻璃的應用是考慮隱密性、透光性、隔音、美觀及功能性。一片玻璃想要一次滿足以上的所有需求幾乎不可能，而想用低階價格達到高階玻璃的功能，也不太可能，量力而為。

(4)**工法**

更換窗框是一項很複雜的工作程序，他關係到美觀與實用的問題。最簡單的更換方式就是拆換，也就是把舊的窗框拆除，然後換成新的。這個工序如下：拆除舊窗框→安裝新窗框→窗框填縫（防水）→表面修飾。這些工序用在舊屋全面翻修工程上問題不大；但如果只是局部整修，增加的費用太大。

在舊的窗框沒有出現防水問題時，如果只是為了功能及美觀，更換窗框可以選擇「套框」施工。也就是舊的窗框不拆除，而選用適當規格的新窗框，套在舊窗框上，完成窗子更新的目的。

圖5-1-12　落地窗框的收邊

5-2　水、電配管路與設備

水、電、瓦斯管路整修一定是舊屋翻修的重點工程，不一定要重新抽換管路線；但如果經費許可、施工可行，這部分應該是基本整修經費的重點。

圖5-2-1 在古建築的雨水排水配管

從蘇東坡燒瓦管引西湖水到杭州城給居民飲用起，給、排水管材料隨著時代需求一直在改變。從鉛管、銅管、保溫銅管、鍍鋅鋼管、鑄鐵管（CIP、DIP）、聚氯乙烯PVC塑料管、硬質塑膠硬管、（PVC）塑膠硬管內襯鋼管、聚乙烯（PE）塑膠管、高密度聚乙烯（HDPE）塑膠管、不銹鋼管、保溫不銹鋼管……等，材料不斷研發、工法也不斷創新，其目的均在尋求一種可靠、耐用的工程品質。

舊的材料被汰舊換新，一定是在材料與施工技術有被取代性，或施工價值不敷成本。所以；可能更老舊設備管路，在面臨更新管路時，無法堅持使用原來的材料與工法去施工。

除了具有文化古蹟價值的建築物、或新式的工廠建築物外，一般的建築物都是採用「暗管」的型式配置管路，這在整修工程上不會造成材料選擇的困擾。因此；有關水電配置管路，建議與時俱進。

（一）水、空氣路配管

基本的水路配管有：屋頂及陽台的雨水排水配管（雨排）、糞管、排水管（汙水管）、冷、熱給水配管：

1. 雨水排水配管

使用灰色管配管。頂蓋及露台雨水配管的排水概念，是將雨水集中於排水幹管，然後於一樓自然排放。雨水排放的量體可能高於一般的生活用水，所以幹管多數會大於生活排水的管徑，並預埋於柱體之內，沿各樓層的陽（露）台的雨水排水，收集後，一體排放於一樓的排水溝渠。

圖5-2-2　陽台的排水很容易雨水與汙水混雜

以往雨水排水都會用2.5吋以上管徑幹管預埋於混凝土的梁柱內，新的法規則規定其管徑不得大於2″，這在新建或增建的建築物，雨水排水設計是一種挑戰，因為如果排水幹管配置不足，可能導致瞬間流量不足的情況發生。

新法規的幹管管徑規定是考量管徑大小影響梁柱結構的強度，這有專業考量，無法置喙。而整修建物時，雨水排水幹管確實不容忽視，因管路老化、因後期不當修改管路，都有讓管路不堪使用的情形發生。如果柱體可暗埋幹管的數量不足，可以考慮明管配管的方式施工，這在很多先進國家早如此設計。

關於陽台的排水系統應屬於雨排系統或是污水系統，各縣市建築法規不是很統一，應依該管轄縣市法規設計。舉台北市為例：陽台有頂蓋的，其排水屬於污水系統；陽台無頂蓋（露臺），其排水系統屬於雨水排放系統。

2. 糞管

圖5-2-3　糞管配管，依新的規定需使用橘色PVC管配管

糞管與小便斗排放同屬一個排放系統。糞管的管徑多數為4″；小便斗配置管徑則為2″，需使用橘色管配管。糞管不可能被包覆在樓層板的混凝土中；除了沒有地下室的一樓。糞管在這裡所指的一定是坐式或蹲式馬桶的排放接管，因有半固體的排放物，他的配管設計不能有「存水彎」。糞管最小管徑為4″，所以他的洩水坡度規定為40：1，與一般汙水排放坡度100：1是不一樣的。

集合住宅在二樓以上，糞管移位是一件困擾的工程，他必須處理一項權利問題。在二樓以上裝設糞管，必須考慮糞管接連垂直幹管的問題，通常的糞管幹管一定設置於「管道間」，而非梁柱體內。早期施工設計不一定會將糞管穿透樓層地板配管，而是在樓板上配管後，將浴室地板墊高。

另一種配管設計是將汙水配管（含糞管）用穿透式設計於下一層樓的頂蓋樓板下。這就是上面所說需要處理的權利問題。如果是透天茨；這當然沒什麼問題，但當樓下不是你的產權範圍時，他就是一個問題，先決條件是：尊重這是一個問題。

3. 給水配管

給水管包含冷水給水配管、熱水給水配管。

冷水配管一般使用PVC塑膠管，幹管使用1″管徑，分水管使用3/4″管徑。冷給水配管因內容物屬常溫物體，所以埋設深度要求較低（與冰凍線無關），多數與不影響美觀及敷面材施工即可。除PVC塑料管材質外，當然一樣可以將熱水管當冷水管使用，但在熱水管材質不一定比一般PVC管材耐用的情況下，施工成本高，如何選擇；端看業主主張。

圖5-2-4　各式水管材料

熱水管的配管材質與冷水管的配管材質相比，真的「熱鬧」多了。熱水管由早期的鍍鋅鋼管車牙接管，進而發展成銅管、保溫銅管，再來是不銹鋼管、保溫不銹鋼管。不銹鋼管由最早的車牙接管，進而衍化成為壓著管接管，管壁也由厚管變成薄管，這有利有弊。

這當中的材質演化，主要是防止熱水溫度影響接著工程，只能說：他還會一直演化下去。

4. 污水排水

污水是指雨水、糞管以外清潔用的水，具體的是指地板排水、浴室、廚房用水、設備排放水等。污水管一般使用2″～3″的PVC或鑄鐵管配管，需標示成橘色管路。

圖5-2-5　存水彎配管

因各縣市法規不一，造成陽台的排放系統有雨水、污水錯亂的情形產生。陽台被置放洗衣機的機會很大，而洗衣機所產生的排放水屬於污水，應排放於汙水系統。因污水與雨水最終的排放系統不一樣，所以排放管路的設計需各自獨立。

雨水排放系統是直接排放於排水溝，而污水系統則排放於污水管道；或接管污水下水道。陽台如果原本是使用雨水排放系統設計，為了節省管路配置成本，將污水接管於雨水排放系統排放，會造成環境汙染，也違反建築法規。

污水管一定也會產生一些異味，建議配置管路時，均設置存水彎，以防止異味逸散。如果因條件不允許設置存水彎，可以考慮在設備排放處另行設置存水彎。

5. 空氣管

包含廚房的排煙管、浴室排風、空氣循環、強制排氣……等。空氣管配管的基本概念是排放管距越短越好。使用的管路材料有：軟鋁管、PVC管、不銹鋼管、鍍鋅鋼管等，管徑依設備需求，從3″～6″不等。

圖5-2-6　排煙管

建築物如果在營建時已經確認室內空間配置，那一定就能確認空氣管的排放位置，建議在建築物結構階段，就先預留空氣口。可以讓開口不損及建築結構，並且因空氣口開口尺寸大，也可減少日後配管工程的施工成本。

室內生活所用的設備需求，在空間配置上大多能出現基本配置，但有一些非屬於基本生活機能的設備，不一定會出現在基本配置上。例如：近幾年流行的所謂「全熱交換機」，有所謂三合一、五合一等機型。

全熱交換器的功能是透過換氣來回收廢冷，並將換氣而導致室溫改變降到最低，以維持一個舒適、乾淨的環境。此功能可降低空調設備的負荷、節省能源。這是現代人對室內空氣品質要求提升的產物；但是，要安裝這台機器，他先決條件就是必須有兩個通往戶外的開口。

在牆壁上開兩個孔並不困難，但如果要在室內的梁鑽兩個3″以上的孔，除非是真的很不專業的設計師，不然很少人會這樣做，這對建築結構安全影響很大。

在很多裝修設計階段才想起一些升級設備的工程而言，這會使設計工程產生困擾，因為顧慮建築結構安全，只能退而求其次降低天花板的高度；或者設置很醜的管路假梁。這些問題如果在建築整修階段全盤納入設計，很多的困擾是可以避免的，也可以有效的節省工程施工成本。

空氣管因為管徑大，所以容易產生空氣回流及異物入侵，建議加裝「防鳥罩」，可改善出口處的美觀問題。

6. 瓦斯管（天然氣管）

所謂「瓦斯」在建築法規中稱之為「煤氣」，他的管路配置關係到居住安全；但很可惜，有關煤氣管路設置規定，有的歸消防法；有的歸建築法；有的歸天然氣供應商的規定，還真的很難具體把法規列舉出來。

圖5-2-7　大台北的瓦斯表配管一般配置在後陽台

先不管法律規定，就一般對「可燃氣體」的基本印象來說，他是住宅中一種可以致命的有毒物質。以大台北瓦斯公司的瓦斯管路配置現況而言（最少在我民國68年上台北工作時，看到的配管方式就是這樣），基本的配置方式是這樣：供氣幹管埋設於地下，所有管路經由建築物的後方，以明管（金屬管）的配管方式接通接戶管的瓦斯表。

集合住宅的瓦斯管配管一定是由後陽台配置明管幹管，然後做接戶配管。這樣的設計是為了符合一般住宅空間配置需求，使瓦斯管路進入屋內的管距減少，讓漏氣的危險降低。當用戶需要變更空間配置格局時，瓦斯管路進入屋內位置變更，其變更配管部分，需向原供氣單位申請管路變更施工申請；這是大台北瓦斯公司的規定。

相同的規定，到外縣市不一定適用；也不一定能用。

我在兩年前到新竹擔任現職時，就發現新竹縣市瓦斯表的設置位置與台北有很大的不同；幾乎都設置在建築物的前面，而集體住宅，更是把瓦斯表集中在一樓的某處。

這樣一來，瓦斯接通瓦斯錶之後的配管工程都屬於住戶自行負責的管路配置，並且讓管路經過室內的距離增加。正好我公司接了一個舊屋翻修的工

圖5-2-8 新竹地區的瓦斯表多數配置在建築物的前面

程，其中就有更換瓦斯管路的施工項目。

這案子在新竹市，是一間雙併的透天茨，瓦斯表就是配置在大門邊，舊的瓦斯管就是經由屋前埋暗管配置到後面陽台。我讓助理打電話去天然氣的供應商，詢問有關室內配管路的申請程序。得到的回答是：「本公司不負責錶後配管工程。」這真是「草菅人命」四個字可以形容而已。

為了工作，但也不肯放棄自己的良心，為了幫業主做最安全的管路更新作業，我想盡辦法找到室內氣體配管專用的瓦斯管——FP管：一種可撓性的鋼質浪管。這是一種可防止管路破損時，不讓氣體逸散在管路配置空間內的專用硬質浪管。這在一般的水電工程行並不容易取得，而大台北瓦斯的協力廠商則已經用之有年。

瓦斯管進入室內時，在大台北瓦斯公司的施工標準是必須使用FP可撓性管，並且於FP管的外面再套用PVC管，以利瓦斯洩漏時，能幫助氣體排出室外。新竹市的建築物顯然都會有一條瓦斯管路埋設在室內的暗管，依據天然氣公司提供的配管要求，這一條暗管都是以「熱水管」的標準施工。

關於這種可能危害民眾住的安全的設施，我曾作文投稿《聯合報》的民意論壇，但該報社竟然將我的舉發，轉給派駐在新竹地區的一個王姓女記者來找我做專題採訪。我花了兩個多小時跟他講述有關氣體配管的實務安全，最後，這則新聞是如圖5-2-9報導。

我看到報紙當然一陣火大，但可惜沒機會上電視節目罵人，只能這樣被汙掉，而傳播媒體監督政府、摘奸發伏的精神則蕩然無存。

與此同時，我正好在做竹東一間住宅的裝修工程，在拆除工程階段，工地打電話回報——打破「瓦斯管」。這在施工經驗上是不可能發生的，回到工地一看，瓦斯管被埋設成暗管，並且是使用PVC管材質配管。

瓦斯表設門前 配管長、礙觀瞻

投訴

【記者王慧瑛、羅紹倫／連線報導】從事裝修業的王姓男子投訴本報，指新竹地區的瓦斯表設在住家大門前，不僅影響外觀，還要設室內配管到後陽台接熱水器，若發生管線破損，難保不會發生瓦斯洩在室內。

新竹瓦斯公司工務部經理陳志仁說，瓦斯表設屋前，是方便查表、抄表，更大的原因是安全，依去年元旦起實施的「建築技術規則」還要求燃氣管線必須走明管，不是埋在牆內、樓地板，這方面，瓦斯公司也正加強勸導呢。

王先前在大台北工作，2年前到新竹從事裝修，他感覺怪異的是瓦斯表裝屋前，供氣配管走樓地板、牆壁；大台北地區的瓦斯管線與瓦斯表都配置在房子後側或後陽台，熱水器和廚房爐具在房屋後端，裝設方便，讓瓦斯管路到熱水器、爐具距離短，安全較有保障。

新竹瓦斯經理陳志仁說，一般配管大都配合建築時施設，但瓦斯表設屋後，會造成人員無法進屋查表、抄表，而瓦斯表和熱水器、爐具等設屋後，供氣管線也會從馬路進屋內，一樣會走樓地板、牆壁；瓦斯公司在供氣前，會先到房屋試壓，了解管線有沒有裂、漏，測試安全了才會供氣。

陳志仁說，瓦斯供氣配管以安全為考量，不一定配合裝修方便，甚至新規定要求走明管，也有人反映「破壞美觀」，但從安全考量，建議用木條做裝置藝術遮住，目前已有不少家庭採木箱、木條美化。

圖5-2-9　2014／09／16聯合報／B1新竹／運動

這種罔顧人命的施工方式，在很多喪盡天良的包商眼裡根本不存在所謂的「良心」，但百姓自己卻不能不顧及自己的生命。

但好像還不能說這樣的配管方式不對，依據《臺北市煤氣事業瓦斯管線遮斷設備設置原則》的條文：

三、前項遮斷設備設置間距，其瓦斯管材爲PE材質者，應不得超過三公里。

這有待研究。

7. 管道間

在很多舊的建築物裡是看不到「管道間」這樣的設計的，多數因陋就簡的配置在牆壁裡。早期生活機能要求簡單，所以使用的機電設備也相對減少，所以管路不像現在複雜。時至今日；水電管路的配置需求，比起30年

圖5-2-10　在大台北很少看到這種施工材料與工法

前可能增加一倍有餘，所以：在整修建築物的同時，如果原本沒有設計管道間，為了配置管路的方便與安全，可以考慮增設管道間的設施。

建築物整修時，如果還利用舊有管路，其實不是真的省錢的方法。在不顧慮舊的幹管位置，可能會讓空間配置更加靈活，並且設置管道間，讓新的配管路工程更加輕鬆，也方便日後管理維護。

（二）熱水設備

談熱水給水配管，不能不談一下熱水的供應，這跟水流量與水壓有關；也跟設備與出水距離有關。商用熱水設備與家用有很多專業設計的不同，這裡只就家用設備做一個介紹：

1. 燃氣熱水器

以液化石油氣或天然氣為燃料，主要為一般家庭供應熱水之器具。燃氣熱水器沒有儲熱功能，其加熱功能是靠設備內一組6mm循環銅管，銅管藉由水流起動點火裝置而加熱，銅管內的水流藉由銅管熱能而加溫，產生熱水。

燃氣熱水器還有一個水壓的問題，當水流壓力不足時，設備本身的設計會感應不到水流量，也就不會啓動點火開關。這種情形常會加裝「加壓馬達」做改善，加壓馬達的目的是幫助加強水壓及水流量，但這裡面並沒有幫助「加熱」的功能。

2. 即熱式熱水器

「即熱」的定義還有商議空間。所謂即熱型的熱水器一定是電能設備，並且是配置在即時使用空間。

即熱型與燃氣熱水爐的加熱功能不同，即熱型的加溫裝置直接使加熱銅管受電能加溫，而燃氣型銅管屬間接加熱，所以加熱速度不同。當即熱型熱水器的銅管接收電能瞬間加溫，可以讓水流在經過循環銅管時瞬間升溫，而產生熱水。

3. 儲存式熱水器

加熱裝置有燃氣與電熱、太陽能、即熱裝置等，這都不是一般家庭用熱水設備。

有些人想用儲存式燃氣熱水器在住家使用，其考量點為何不知道，但只能說「不合用」。所謂儲存式熱水器，主要功能是有一個保溫的熱水儲存桶，讓桶內水的溫度保留在一定的水溫。這如果不是商業用途，設備占空間，又24小時維持溫度，很浪費能源。

（三）電氣配管線工程

一般商店或住宅用電為三相380V動力用電、單相220V、110V的低壓用電。在電器設備為生活機能必須需求的現在，現代家庭的用電量可能比30年前多很多。例如在30年前才開始出現的分離式冷氣、除濕機、全熱交換機、烘碗機、電熱爐……等。很多以前的人不捨得使用的電，變成一種營造生活情趣、生活機能的基本需求。

舊屋整修，整修電氣管線是最基本的施工項目，他往往占工程經費很大的比重，因為他不再只是「抽換」電線這麼簡單。在所接觸舊建物整修案件中，可以發現一件普遍存在的問題——總安培數不足。

在舊建築物常發現總開關的安培數為50A～60A，這樣的電流量如果供應2房1聽；總坪數在20坪左右的住家，或許還能應付；但超過這個使用規模，多數會不夠用。當然這只是用常理推斷，要更精準計算合理用電量，必須先把用電設備耗能、數量計算出來，這最好在工程動工之前就設定好，不要等工程做到一半才想到變更問題。畢竟；用電的管路配置需符合電力公司

圖5-2-11　老舊公寓的電力配置是翻修時檢修的重點

的規定，不是叫工人隨時換個線那麼簡單。

用電需求變更所牽涉的相關作業很複雜，有些時候真的不是想改就能改，以下分析這些用電變更可能遇到的問題：

1. 電錶的問題

由電度錶（也稱為瓦計器）做一個分界，電錶之前的電氣管路配線稱之為「接戶線」；由電力公司負責配線。電錶的安裝也是有電力公司檢查室內配管線安全合格之後，裝設電錶後供電，然後鉛封。

電錶的電流量計算具有與「度量衡」標準的公信力，需由經濟部標準檢驗局測試合格，用戶單位不得任意拆解或干擾設備的正常作用。電錶的設置會與額定供電瓦數有一定的關係，要變更原定瓦數電流量，需符合相關規定的申請。

2. 管線的電流量

在一般舊建物的管線配置，如果分電盤總開關為50A～60A，檢視原始電線配線管徑多數14mm/2，它正好符合《屋內線路裝置規則》：

表5-2-1　高壓電力電纜最小線徑

電纜額定電壓（千伏）	最小線徑（平方公厘）
5	8
8	14
15	30
20	38

表示原始管線符合80A的最小線徑，但在一般的配線安全標準值，不會用最小安全值做為配線計算。因此；當安培數必須增加為80A以上時，必須作原始幹線配線抽換的工作，將配線更換為22mm/2以上之線徑。

如此一來；原始配置管路的管徑不一定能容許更大線徑的抽換，他如果是透天茨建築物，不會有施工的問題；但如果是集合型公寓，線路抽換不一定很簡單。

3. 開關的問題

可分為「錶前開關」及「錶後開關」，置於電度錶之前後。所謂「表前開關」的錶是指電度錶。依規定，使用三相動力電或單相用電100安培以上，或是更換供電配線22mm/2線徑之導線，即應設置錶前開關。

錶後開關是電度錶後的開關設備，錶後開關的設置是假設錶後還有多個「分電盤」，是控制分電盤開關之前的開關設備。

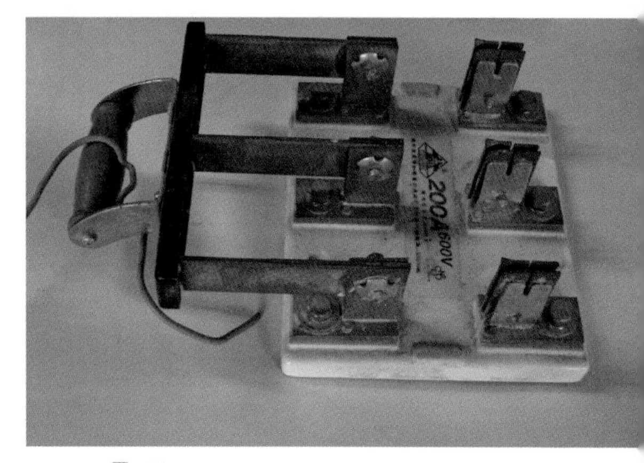

圖5-2-12　閘刀式開關

不論是錶前錶後開關，他都具有過電流保護裝置，一是避免雷擊等外力影響、一是方便錶後作業。

4. 屋內配管線工程

所謂「屋內」配管線，其實就是指分電盤之後的所有管路配線工程。這是指一般電力配線工程；但在裝修工程中，必須包含其他「弱電」系統。就台灣地區而言，電力供應最低電壓為110V，而弱電所指的是50V以下的電壓；所以；這裡所講的屋內配線，包含電力配線及弱電系統配線。

(1)迴路線

所謂迴路：是指高電位藉由導體移向低電位的路線；也稱之為電路，這個電流移動的作用，正好在電路上做一個循環。

高階電路不會應用在一般住家或公寓，這裡談的就是一般家庭基本用電所會配置的電氣迴路。基本上分為插座迴路、燈具開關迴路、專用迴路，迴路設計不良；或是用電量設計不足，就很容易引起線路短路的問題（俗稱跳電），嚴重者可能引起電線走火。

很多的業主在比較工程估價單時，只想比總價誰比較便宜，而不知道基本工程預算應有的支出。其中；在電氣配線路上，就可能產生一些估價差，迴路設置計算、配置方式、配管方式，都會影響工程估算的總價。

①插座迴路：以一間30坪的房子，如果所有插座都是裝好看的，那連迴路都不用配置。如果插座真的會被電器使用，必須計算電器的用電量而計算插座迴路。

家用電器中，用電量較大的約為冰箱、微波爐、電鍋、除濕機、暖風機、烤箱、電磁爐……等，這些電器的啓動瞬間用電量可能都高達1000W以上。一般110V電壓的插座迴路均以2mm2單線配線，其額定電力為20A，以20ANFB設計（無熔絲過電流保護開關），安全容量80%計算，可能在兩部電器同時啓動時，就有可能讓線路短路。

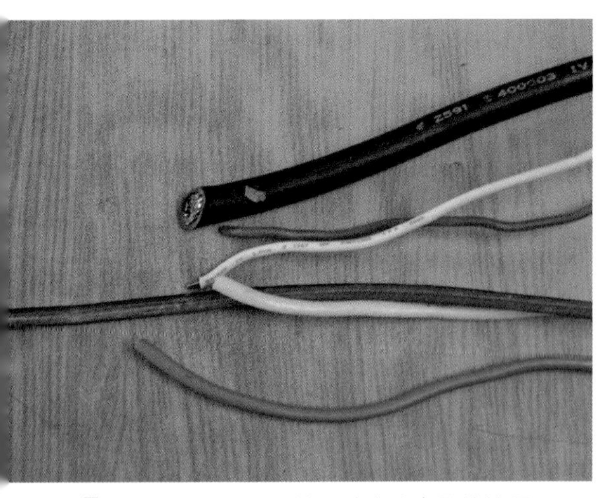

圖5-2-13　電氣配線需確實注意電線線徑

上面所講的一些電器，有些是固定設備，固定設備一般都會使用專用迴路設計，必須注意的是移動式的電器用電。

②電燈開關迴路：LED照明（發光二極體）的普及，改變燈具用電需求，這讓燈具用電迴路需求有些改變。

原本的燈具迴路計算，是以一個電燈開關最大過電流做為設計，市面上常見的電燈開關為300V、15A，也就是這個開關可使用於300伏特電壓的電流，最大負載電流為15安培。通常：使用這種燈具（開、關）時，表示他能同時負荷15支日光燈管的用電量，但必須注意，過電流的計算不能使用到最高負荷，一般只計算到80%的安全量；所以只能算12支的燈管。

日光燈管的用電安培數計算不是以燈管的瓦數計算，而是以燈管的起動電力計算，一支啓動器的起動電力是以100瓦計算。以此類比：使用的照明燈具用電量，關係到燈具迴路的配置。

③專用迴路：專用迴路多數屬於插座迴路，但與插座迴路不同的是：專用迴路有110V與220V的分別。相信大家都已經有一個普遍的概念，使用

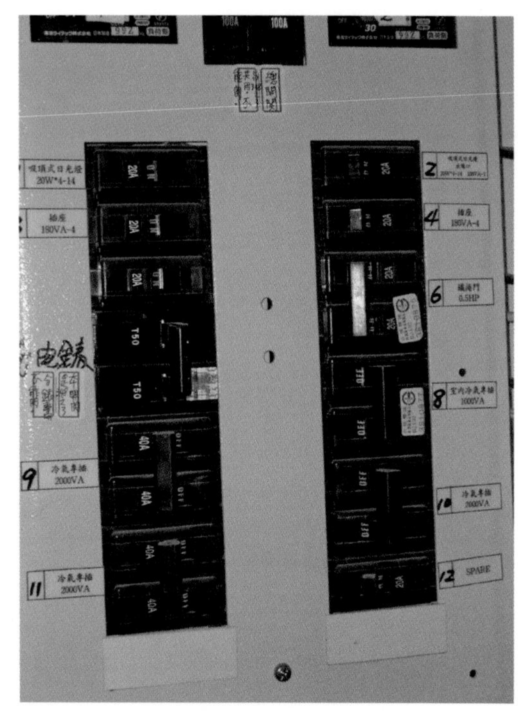

圖5-2-14　各式迴路用電量不要負荷

圖5-2-15　早期最有印象的專用迴路應該是窗型冷氣用的插座配置

220V電壓的用電較為節能，事實如此。

全世界使用110V電壓的國家越來越少，台灣有一天也會廢掉110V的用電配置。家用電器普遍都是110V、220V電壓通用，這是可以提早改變使用習慣的。

110V與220V的配線管徑需求不同，配置專用迴路時，需注意所配置的電壓。通常配置110V所使用的線徑為單線2mm^2，而220V所配置的線徑為絞線5.5mm^2。

專用迴路是保障單一用電的用電量，並不是表示專用迴路插座可以提供電器設備無限量使用。所以配置專用插座迴路，主要就是預先計算電器設備用電，多少電器就該配備多少專用迴路。

(2)分路配線

①燈具開關：燈具開關的設計位置多數會依出入使用習慣、區域性、集中管理等需求而設計。所謂燈具開關，是指可以絕緣操作，啓閉電流的裝置，他的原理就像電腦程式設計的0與1。1代表開啓；0代表關閉，在平面圖中用S符號代替：switch的代號。

燈具開關一樣有其電壓與電流負荷的限制，部分經驗較不足的室內設計人員在做燈具配置時，會有疏忽的可能。當你在看平面配置圖、燈具配置圖，發現燈具數量與燈具開關顯然不成比例時，應該主動提出疑問。當然；現在燈具普遍使用LED，用電量的問題較小；但開關設計位置不正確，會影響配線的長度，這也是必須考慮的問題。

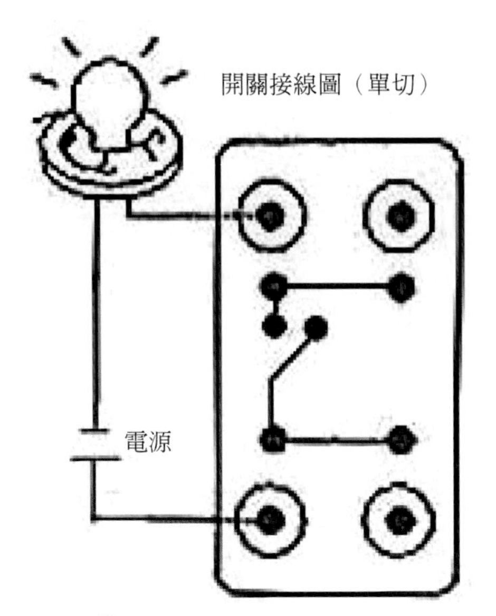

▌圖5-2-16　單切開關圖例

燈具開關可分為：單極開關Ⓢ、雙極開關Ⓢ2、三路開關Ⓢ3、四路開關Ⓢ4。最常見的燈具當然是單極開關；是指利用一個開關控制高電位通往低電位的電流裝置，其接線圖如圖5-2-16。

雙切開關，是指利用兩個開關控制同一盞燈具的啓閉裝置，常用在大門入口燈、客廳主燈、走道燈、臥室燈……等，需在啓閉為不同位置的燈具。其接線圖如下：

多路開關，是指利用三個或三個以上開關控制同一盞燈具的啓閉裝置，常見於樓梯燈具的開關設計。其作用如當二樓的人開啓二樓的樓梯燈，不論是前往一樓或三樓，這盞電燈都可以在不同的位置受控制。其接線圖如下：

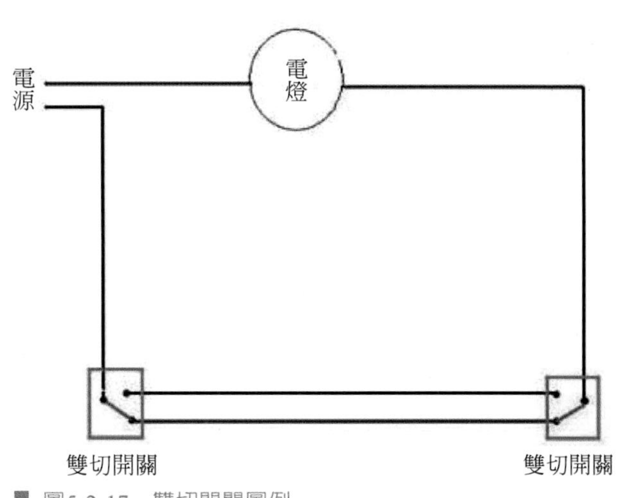

▌圖5-2-17　雙切開關圖例

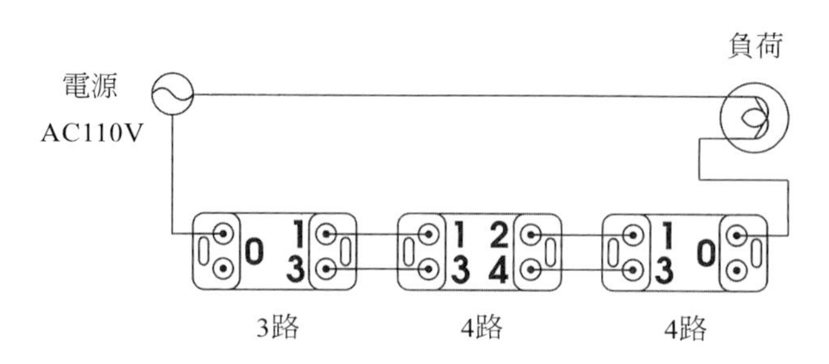

圖5-2-18　多路燈具開關圖例

②插座：插座的配置要注意的是電壓與位置的問題，目前台灣所使用的電器普遍還是以110V居多，而220V的插座孔因應國際通用原則，已改變原先∴三角形的插孔設計，所以很容易誤用。一般220V的插座會使用「緊急插座」的紅色作為標示，但為了避免誤用，建議增設防水遮蓋；並做明顯標示。

圖5-2-19　插座配置的位置主要配合實際使用需求

正確插座位置的設計需由平面配置圖、施工立面圖衍伸，他不僅需有高度尺寸；也必須有位置的尺寸。插座的高度依據使用目的會有不同，例如：因裝修工程限制，會有插座設置在固定櫥櫃的踢腳板上，最常見的插座高度為30cm，再者如電視櫃是以60cm設計，床頭櫃則視櫥櫃高度而定，臥室電視牆的高度則與客廳電視牆的高度不同，這是依據人體工學，因沙發與床的高度不同，並且因「坐」姿不同，而產生觀看電視的仰角不同。

特別設備的用電插座高度需求也會不一樣，例如在同一具流理檯上，抽油煙機需求一個高度：烘碗機是一個高度、洗碗機、烤箱又是需求不同的高度。

地插座其實是一項很不錯的設置，但因為設置地插座比一般插座配管線困難，並且：如果不能確實配置在定位，容易影響地板整體的美觀及行走。一般新建成屋，如果不是在營建階段提出客戶變更，通常不會設置地插座。建商不想給自己找麻煩，如果預留的不是你要擺餐桌的地方，他可能在交屋時被要求更換地板，也不一定就是為了節省營造成本。但通常交屋之後，因不捨得損及地板的完整性（尤其是大理石對花地板，根本就動不了），這就是一般住家少見地插座的原因。

圖5-2-20　盡量不要讓電器設備的線出現雜亂

如果是舊屋翻修，通常舊的地板很少會被保留，這可以讓很多需地面配管的工程方便施工，包含地插座。地插座設置的先決條件還是位置的問題，一定要先確認平面配置，切忌三心二意。地插座畢竟是設置在地板上，必須使用地插座專用插座，並且確實做好接地配線，以防止漏電或地板積水所產生的電線走火。

5. 弱電配管線工程

弱電是指電壓在50V以下的電流，常見的設備用電為：電話線、有線電視管線、網路線、監視系統、廣播、音響……等。

三十年前資訊網路還不發達，所以一般的建築物不會特別設置「弱電箱」，做為弱電配線的樞紐。當年主要的弱電系統，就是一條電話線，然後自己拉一條電視天線，他幾乎沒有配線概念可言。

現代人的生活，離開網路資訊，可能就活不了了；最少有可能產生憂鬱症，入院治療。為了避免這種浪費醫療資源的事情發生，裝修房子的時候，把弱電系統搞好，是一件很重要的事。

但現代人幾乎很少在用「室內電話」，也不一定會用「第四台」，網路線被分享器取代，剩下的是實際需求；也就是業主的需求。弱電配線的規劃不困難，困難的是業主需求。

如果弱電系統涵蓋「智慧型」住宅的概念，他就不是這麼簡單可以說清楚，而是提出需求找專業。不論需求是什麼，只要關係到建築營造與裝修設計整體規劃的，就應該在事先提出，整體規劃。

5-3　施工介面管理

建築物除了基本的土木建築工程之外，他還會有許多依法的設備，如建築法第十條所列的設備。還會有一些因增進生活機能、改善生活空間、美觀、商業需求等目的，需附著或固著於建築物的工作，如：裝修、裝飾、裝潢、擺設等。

一棟建築物能合法取得使用執照，必須配置有建築法所規定的設備，而這些設備的施工，會由一家營造廠做工程承攬；但不可能所有工程都是這家營造廠自行施工。當工程是由營造廠總體承攬時，起造人不用擔心工程施工介面的問題，但部分小型營造，業主有可能會把一些獨立工程自行發包，這就會出現工程施工「介面」的問題。

通常：新建建築物由營造廠承攬時，實際施工分包還是會有分項承攬的問題，最基本的就是分成「土建」與「機電」，這屬於專業承攬，並且會有「工地主任」負責施工介面統籌，這與一般舊屋翻修工程不同。

建築物不論是自地自建或是舊屋翻修，絕大部分都已經確認使用目的，他的施工工程當中就有可能同時施作裝修工程。前面提到：建築法所賦與營造工程規模是可以包含室內裝修，所以裝修工程不見得都是取得建築執照後的施工項目。

我剛完成的一間獨棟的餐廳，他就是由一間加油站增建為「小吃店、店鋪」用途，業主很趕著開幕。當我接到業主委任後，我計算時間，裝修工程在使用執照拿到後再施工，在時間上肯定無法如業主所願。所以我要求建築師將建築執照的申請連同室內裝修並案申請，這本來就是建築執照申請所允許的方式。

一般建築師為了省麻煩，多數不願意將室內裝修與建築物營造併案申請，主要是現場勘驗時會比較複雜。其實：如果一切依建築法規、消防法規、建築物室內裝修管理辦法施工，其實也沒那麼困難，最怕的是投機取巧。

如果這棟建築物不是與室內裝修併案申請，那麼他可能會需要多花下面的一些時間成本與修改工程成本。

（一）時間成本

當建築物使用執照取得之後，才能送室內裝修審查，這當中是有差別的。建築物與室內裝修並案申請，是由建築管理科審查，而室內裝修審查是送使用管理科，有些縣市還委託給建築師公會審查。這當中光是要取得「裝修許可證」，就算是一次就順利過關，少說也七到十天，並且還要花一筆冤枉錢。

裝修工程完工之後，必須再送一次消防安全檢查及公共安全檢查，這才是重點，光是這兩項檢查，可能就要個兩、三個月。

（二）工程修改成本

建築物在符合法規要求下取得使用執照，在實際生活機能及空間配置所需時，室內裝修都有可能必須做必需的修改，這些修改就會造成施工成本

圖5-3-1　本圖的建築物申請就是與裝修併案審查

的浪費。可能必須更動分間牆、電路配管線，任何不必要的修改都是一種浪費。

這個工程因為室內裝修的併案申請，讓原本的兩個承包，最少變成三個，包含裝修工程。這當中就最少出現三個施工介面的產生；土建與機電的介面、土建與裝修的介面、裝修與機電的介面、三方所共同產生的施工介面。

施工介面的協調就是工程管理的專業，施工介面協調包含：施工順序、施工工程規格、施工時間、施工材料介面整合等。施工介面的調合，可以讓工程施工順利、施工品質提升、減少施工浪費。

圖5-3-2　工程交叉施工工程越多，工地較混雜在所難免

上面所提到的施工介面，其實都只是大項的工程施工管理，在這個例子當中，三項工程有三個專業管理人。當這三個施工管理人都具有一定具有專業管理能力時，彼此協調工作沒有問題。但如果施工介面不在這三個工程項目的承包標的內，他就會出現更多的介面。

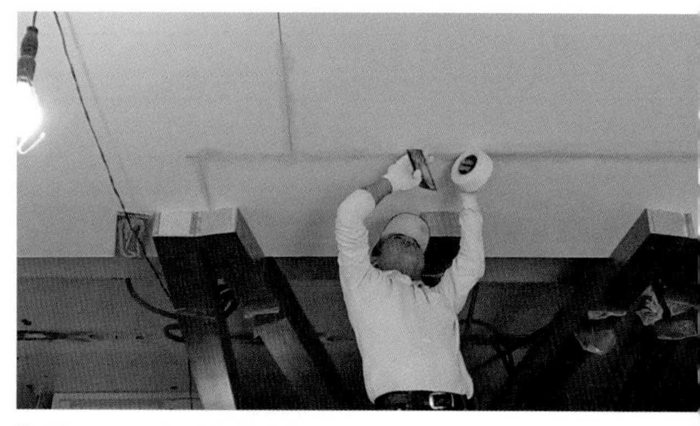

圖5-3-3　大型商業空間，塗裝工程與木作一定避免不了交叉作業

業主為了節省工程轉承攬或施工管理成本，自行發包單項工程，這在營造工程中是常見的，尤其是在舊屋翻修或自地自建的工程。就以上面餐廳工程作例子，來假設業

主如果自行發包單項工程，他可能對施工介面產生的影響。

在這個餐廳工程：機電包含消防、昇降、水、電、空氣調節、防空避難……等，相關工程。

假設：業主把電梯另行發包成一包、又把空調自行發包成一包。這一來，雖然昇降設備與空調設備可能屬於機電項目工程，但工程發包對象轉移，承攬人的權責也同時轉移。因為承攬人的直屬委託人是業主，他行使施工權力直接受委託人命令管轄，縱使高階施工單位亦無權管理；也無責管理。在這種情況下，很容易讓工程發生工程施工介面糾紛，而這是發包人的責任。

我必須再次強調，工程施工介面管理，是一項專業工作，也關係到權責的問題。每個人都想精打細算，業主、施工承攬人、介面單位，但要求別人付出必須合理。

這是業主在以為可以聰明計算之前，自己應該考慮的問題，如果你沒能力協調任何施工介面，不要把自己的精打計算，造成施工管理更大的浪費；更不要造成施工責任的推諉藉口。

陸、材料的適用

6-1　戶外材料

戶外材料主要是講究他的耐候與美觀，因耐候性質的考慮，他較少使用膠合性材料。因為使用材料以原木、金屬、原石、高分子、陶瓷、玻璃、人造石、樹酯居多，使得施工成本相對增加，但耐用程度各有不同，這是在追求美觀上，要同時考慮的環節。

（一）石材

石材可分為崗石、大理石及岩石，均可用於牆面及地面之鋪設。鋪設工法可分為濕式工法與乾式工法，鋪設於牆面時乾、濕式工法可使用，鋪設於地面時使用濕式工法（乾粉工法）。

圖6-1-1　外觀石材的規格及工法可以有靈活的選擇

台灣的石材多數為2公分厚的規格，如果量體夠大，建議使用3公分以上的規格，從國外進口。就石材本身的材料單價而言，厚度2公分與3公分其實價差不大，但因重量的關係，會影響施工成本。

部分鋪設於地面或景觀的石材，可以選擇原石裁製，地面石材的厚度最好在4公分以上，其他材料還可以利用在柱頭、轉角、景觀用途，但前題是工程經費預算可行。

（二）木材

實木材料總給人材質親近的感覺，但價格不是很親近，尤其這幾年，他漲價幅度非常驚人。在門窗用材少使用木質材料的情形下，建築物使用實木材料的機會減少很多，多數只用在景觀、地板等。

就耐候性而言，戶外木料使用針葉樹材是比較好的選擇，但有些時候則不能不使用硬木類的木材。針葉樹材的第一首選當然是台灣扁柏——黃檜，但只能是理想而已，不要說黃檜，連紅檜或是進口檜木都很難取得，而且材料單價高的嚇人。

目前較常用的戶外針葉樹種多數是松木及杉木，最常見的是南方松與美國杉，材料單價與檜木類相差好幾倍，規格品也較齊全。

硬木類可能只剩下南洋櫸木可以使用，通常用在步道、欄杆等。硬木多數為闊葉樹材，在耐候上本來就不是戶外材料，他出現木材龜裂是正常現象。

圖6-1-2　針葉樹材的建築外觀

（三）金屬材料

金屬材料會直接用於建築結構、粉刷材料等。在工程結構上，如果將H型鋼等直接做外露設計時，他本身也是一種造型材料。常見的材質有：銅、不銹鋼、鋼鐵、鋁合金、彩色鋼板、烤漆鋼板、塑鋁板等。

金屬材料的價值應該很容易判斷：金、銀、銅、錫、鉛、鋁、鐵，多數以重量計算，造型成品則是依廠牌定價，不銹鋼另有不銹鋼的行情。

1. 鐵質材料

鋼鐵、熟鐵、生鐵，以其含碳量為標準，俗稱「黑鐵」。鋼鐵具有一定的剛性，例如：H型鋼、C型鋼、鋼板、鋼管等。熟鐵又稱鍛鐵，常見於窗花、欄杆、扶手。生鐵的剛性較低，凝固時體積稍微膨脹，適合鑄造、灌

圖6-1-3　鋼鐵是一種發揮造型創意很好的材料

模、車床加工，又叫鑄鐵。經常應用於機具外殼、欄杆、人孔蓋、雕花門、門把等。

黑鐵在戶外應用上，最需注意的是防鏽工程，最有效的防鏽處理是「氟碳烤漆」，防鏽效果號稱可達10年以上；但價格昂貴。黑鐵的鏽蝕點多數發生在：組裝時的焊接點，不論是鍍鋅或是氟碳烤漆防鏽處理，最怕的就是「破口」問題。這必須在工程設計時，就針對現場組裝的工法做一番研究，不然再好的防鏽處理，一旦出現破口就減損他的效果了。

不銹鋼俗稱「白鐵」，含鉻Cr、鎳Ni、碳C、矽Si、錳Mn、磷P、硫S、鋁A1、鈷Co、鐵Fe等複合金屬材料。在生鐵中18%的鉻及8%的鎳，所形成的合金。

不銹鋼簡單來講：就是在鋼裡面混合有12%以上的鉻（Cr），鋼的耐蝕性會隨著鉻的含量而趨佳，含量12%以上的鋼，幾乎就不被大氣及海水侵蝕。含量在12%以上的稱為不銹鋼，含量在12%以下的稱為耐蝕鋼。

不鏽鋼材質

材質18-8（國際編號304）：含鉻Cr18%、鎳Ni8%之合金，適用於廚房衛浴用品。（不吸磁）

材質18-10（國際編號316）：含鉻Cr18%、鎳Ni10%之合金，適用於製造餐具、及醫療器材。（不吸磁）

材質18-0（國際編號430）：含鉻Cr18%、鎳Ni0%之合金適用於不鏽鋼刀。（會吸磁）

必須特別提出一點質疑的，台灣很多號稱不銹鋼的材料，其材質標準可能都不符合＃304的基本標準，有可能只是「耐蝕鋼」的標準而已。所以很多不銹鋼工程的製品，都會再鍍一層鉻，這讓不銹鋼的自然質感完全消失。再者一點，台灣在不銹鋼的加工技術，不是想像中的進步，這在工程發包時，應對工程品質的驗收標準做明確的規定。

圖6-1-4　不銹鋼的含量如果標準，其本身的材質感非常好

2. 銅質材料

銅是人類最早使用的金屬，這要歸功於銅是一種相當穩定的金屬，因而能在地球上發現到純銅的存在。由於純銅常常是夾雜在銅礦石中，銅的冶煉難度並不大，使人們逐漸懂得用銅礦石冶煉出銅。

圖6-1-5　銅瓦建築

在戶外建材使用到銅的機會不高，除了巴洛克、文藝復興等建築會使用到銅瓦外，銅質材料應用戶外建材的機會不高。並且因為材料本身的價值高，應用技術不純熟，除了一些小型的翻銅製品、特殊景觀設計，用到銅的機會不高。

3. 合金製品

兩種金屬元素以上結合在一起，而產生金屬一般特性的加強謂之合金。最常見的合金製品就是鋁合金還有你手上的硬幣。

利用各種合金之添加和軋延、鍛壓及不同等級之熱處理製程，可產生之強度達HB25o-HB167o之各種鋁合金產品。鋁在自然環境中，表面會自然形成薄層之氧化膜，可阻絕空氣中的氧，避免進一步氧化，具有優良之耐蝕性。鋁表面如再經各種不同之處理，其耐蝕性更佳，可適用於較為惡劣之環境。

圖6-1-6　鋁合金玻璃帷幕建築

鋁本身的色彩演化可以利用「發色」、「粉體塗裝」、電鍍等方式，取得所需色彩。但鋁經過合金的材質轉變，他會改變導電能力，也會改變其演色的工法。

（四）玻璃

玻璃在戶外建材的應用上，還是居於「採光」、隱密的目的為多。但玻璃製品發展到現在，他早就朝節能的方向作開發。

約在20幾年前，台灣的建築一昧的抄襲北歐建築風格，出現了一大堆「帷幕牆」大樓。後來發現：地域不同、氣候不同，帷幕牆建築根本不應該出現在亞熱帶的台灣。玻璃有聚光性，陽光經由玻璃折射產生輻射熱，讓建築物產生高溫。為了調節室內溫度，不得不加強冷氣溫度，造成能源浪費。

北歐很難像台灣可以這麼浪費陽光熱度，他發展帷幕牆的建築型態，目的在節能，就是希望藉由輻射熱調節室內溫度。台灣的建築師不明就裡的抄襲，就發生台北建成圓環改建的失敗案例。

現階段的玻璃都朝向「節能」研究，目的在阻隔熱源；但不減少透光性。就現代科技而言，他一定可以研究成功，但能有多大的利用率、普及率還很難斷定。

圖6-1-7　玻璃應用在建築造型，是很多設計師的目標

（五）陶瓷

不能諱言的：磁磚、瓦片，在建築粉刷及披覆材料上，還是占很大的比率。曾經有人批評台北市像一座大的浴室，那是在很多年前的印象；現在的浴室漂亮多了。

在台灣；要判斷一棟建築物的建築年分不會很困難，只要看外觀貼的磁磚就可判知一二。磁磚的生命周期約二～五年，也就是一棟新的建築物貼完外觀粉刷後，就算是舊建築了。

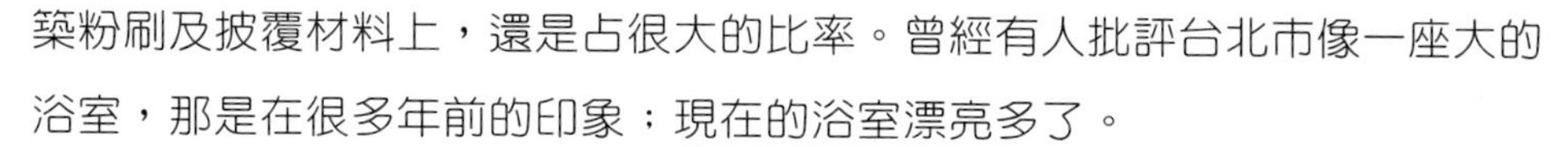

圖6-1-8　磚的各部名稱

戶外用的磁磚與室內用的瓷磚還是有分別的，戶外用的瓷磚傾向小而立體，所以發展出丁掛磚的規格。這個規格的由來其實還是延續磚建築結構而來，連他的規格都是用紅磚原本的規格名稱。

外牆磁磚約在民國70年代開始出現「丁掛」這個名稱，「丁」是日本的一種面積單位，基本單位為6公分。一丁掛

圖6-1-9 台灣人對於建材之利用舉世無雙，並且能讓前後鄰居成為「通戶」之好

是6cm×12cm，也稱「小口」；二丁掛是6cm×24cm；四丁掛是12cm×24cm，也稱「大面」，可惜；把他當粉刷材使用之後，原本應該表現建築材料結構美學的目的完全不存在了。

磁磚應用於建築外觀，是很普遍的做法，施工成本也是最有市場行情的一種。

（六）高分子聚合材料

所謂高分子聚合材料；泛指所有化學聚合物質，當然不能這樣籠統，但真的很討厭這種破壞環境及景觀的原兇。

從施工成本的角度看這個材料，你很難去消滅它。常見的高分子聚合材料有：樹酯（塗裝材料）、環氧樹酯（防水、塑型材料）、壓克力、PC、PU、PVC……等。常見的高分子外觀材料有：FRP浪板、造型瓦、線板、柱、塑膠浪板、造型塑料等。使用這種材料多數是考量他的施工快速，造價低廉；同時也讓人知道這棟建築物不是很值錢。

6-2　隔間材料

在新的建築物，一般裝修工程所稱的「隔間」，是指「分間牆」隔間。「間」是一個面積單位，在建築物裡面；它是在柱與柱之間所形成的單位面積。而分間牆就是在這單位面積之間，再進行分割的行為。

在建築法規當中，對隔間材料首重防火效能，依據不同的材質，分別成：不燃材料、一小時防火時效隔間、耐燃材料等；這是消防法規及避難逃生安全的規定，住家裝修另有不同規定。

分間牆的材料有：紅磚、白磚、預鑄水泥牆板、輕質顆粒（陶、保麗龍）砂漿澆灌、輕鋼架、木隔間、庫板……等，有些工法與材料適合用在廠辦等大面積隔間，一般住家隔間則使用下面隔間方式：

（一）紅磚

紅磚可分成建築磚、清水磚、火頭磚。紅磚的規格：依據中國國家標準CNS382規定，普通磚之尺寸為230mm×110mm×60mm，台灣區為210mm×100mm×50mm。

市場上較常見的規格是清水磚60mm×120mm×240mm，俗稱「248」，使用模具壓模成型，六面平整、磚面緊實。而一般的建築磚則是採用210mm×100mm×50mm的規格，使用機器擠壓切割成形，大面向會有明顯的線切痕。

清水磚用於外牆結構砌磚牆居多，依「勾丁」形式的不同，可以變化許多不同型式的砌磚法，並使用不同的填縫型式，讓磚牆表現出不同的立體感。

一般的分間牆則使用建築磚，因分間牆不負承重壓力；也不負水平應力，所以多數採用1/2B砌磚，俗稱「半塊壁」。砌磚牆屬於不燃材料等級，隔音係數在所有隔間材料上算是優等的；但也是施工成本最高的。

圖6-2-1　紅磚隔間及管路配置

使用建築磚砌磚時，與清水磚不同的是，他還必須兩面做水泥沙漿的粉光處理，所以施工成本高。施工品質與施工技術及施工寬裕時間成正比，施工步驟的正確性，對工程品質影響很大。

砌磚牆需有一定的乾燥時間，他的乾燥時間與施工程序及施工間隔有關，時間是可以相抵的。一般的砌磚程序為：砌磚→水電配管路→做基準點→粗底鏝灰→粉光鏝灰，到水電配管完成的時間，其中施工過程相加最好有七天以上，鏝灰完成之後也最少一個禮拜的乾燥時間。乾燥時間會因室內通風、日照、氣候而影響，在牆面未減到一定的含水率時，不要進行任何披覆性或粉刷工程。

（二）輕質白磚

具有輕質、隔音、隔熱、防火、強度高、安裝快速、施工容易符合環保需求等優良特性。

輕質白磚，是以透過尖端機械來嚴格的選擇原料，將矽砂、石灰、水泥，經過電腦控制精密正確計量；並配合，再加入鋁粉和水進行混合後，產生無數微小氣泡均勻佈於結構中，以化學性讓其形成發泡。

圖6-2-2　白磚隔間

以下節錄一張生產廠商將輕質白磚與傳統紅磚的比照數據表（見表6-2-1）供讀者參考，（作者不擔保他的正確性）。

輕質白磚的規格：600×400×100（mm），其產品密度可以使用電鋸裁切，可以使得裁切面精準與平整。白磚的施工成本低於紅磚砌磚，施工速度也高於紅磚，這是主要優於紅磚的部分，但相對比較，也有一些缺點。

堆疊成水平需要功夫，地震時容易出現裂隙，只適合用於隔間牆，不能用在外牆，因為其防水效果不佳，材料密度小，吊掛施工不是很方便。在施工經驗上，白磚是強調不用沙漿粉光；但施工牆面的平整度還是不能與一般的砌磚或輕隔間牆相比。如強調牆面的平整度或是牆面準備做貼壁紙施工，有商榷的空間。輕質白磚早期有在台灣設廠生產，但因使用不是很普及，國內現在應無生產，全部仰賴進口。

表6-2-1　輕質白磚與傳統建材（傳統紅磚）比較表

項目	ALC輕質磚（厚度10cm）	傳統紅磚1/2B
防火性	4小時	1小時
隔音性（STC）	38（dbSTC）	40（dbSTC）
隔熱性	0.134Kcal/m^{2}h℃	1.383Kcal/m^{2}h℃
抗壓強度	30～52kg/cm^2	150kg/cm^2
熔點	1600℃	400℃
滲水性	100小時	20小時
重量	650kg/m^3	2100kg/m^3
施工方式	乾式	濕式
施工速度	20m^2/工	10m^2/工
施工管理	施工快速，廢料少，管理容易	工地髒亂，廢料多，管理不易
清運成本	工地乾淨，降低清運成本	清運成本高
水電配管	容易施工	費時費工
水泥粉刷	不需要	至少需要一次粉刷
環保性	製程無污染	污染環境，面臨淘汰
成本效益	重量輕，降低結構成本	加重結構負擔，較不適合高樓層

（三）輕鋼架隔間

輕鋼架隔間所使用的材料有：骨料、板料、保溫棉（隔音棉）。

骨料：規格如下表：

表6-2-2　輕鋼架隔間規格表

型號	規格（m/m）		規格（m/m）
	A	B	
C-40（15/8"）	40	25,35,45	0.4～2.3
C-50（2"）	50		
C-60（21/3"）	60		
C-65（21/2"）	65		
C-70（23/4"）	70		
C-75（3"）	75		
C-80（31/8"）	80		
C-88（31/2"）	88		
C-92（35/8"）	92		
C-100（4"）	100		
C-120（43/4"）	120		
C-125（5"）	125		
C-132（51/5"）	132		
C-138（5 2/5"）	138		
C-150（6"）	150		
C-200（8"）	200		

住家常用規格為A＝60mm、75mm、80mm、100mm，其中的A＝40mm的骨料，用於單面牆板。

1. 板料

石膏板或防潮石膏板12mm、15mm、18mm，矽酸鈣板6mm（最好另加4mm夾板底板方撞擊），水泥板6mm，纖維水泥板。

2. 保溫（隔音材料）

玻璃棉、岩棉。有關隔音係數與材料關係，他是一種很專門的研究，包

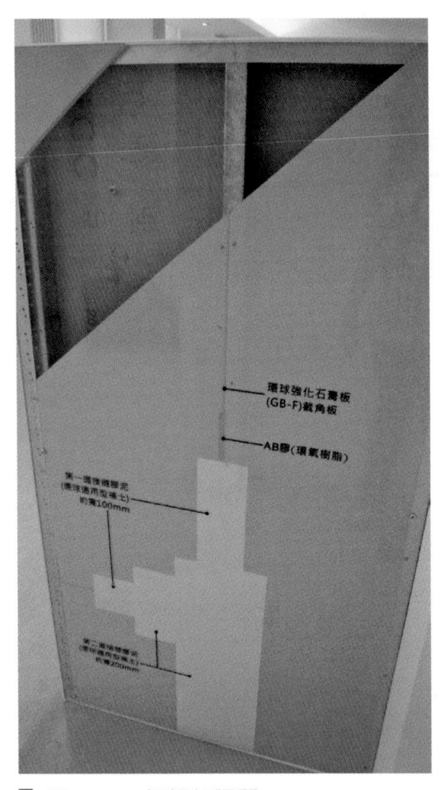

圖6-2-3　輕鋼架隔間

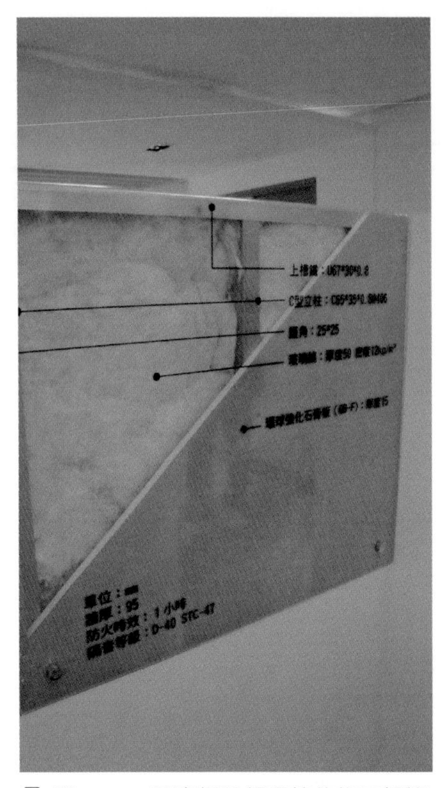

圖6-2-4　石膏板及保溫棉的施工規範

含材料密度、工法、聲音的折射與撞擊、音波的傳導等。在基本常識上，材料本身的防火係數越高，隔音效果越好，使用隔音棉的係數也與此有關。

岩棉板以玄武岩為材料，經過高溫融熔加工成的人工無機纖維，具有質量輕、導熱係數小、吸熱、不燃的特點。岩棉的規格常用「K」做為單位：kg/m^3，市面上常見的為48K、60K等規格，其隔音效果與材料的厚度有關。

輕鋼架隔間的價格與傳統紅磚相比，價格低於紅磚很多，是用於商業場所不錯的選擇。其中的石膏板是目前板料隔間最穩定的材料，因材質穩定，最不容易產生接縫裂痕的一項板料。輕鋼架隔間牆的施工一樣有一定的施工規範，並不是想像中下骨料、鎖板料如此而已。施工規範部分，台灣生產石膏板最大量的環球石膏板，就有一套完整的施工規範。

（四）新式隔間材料

所謂的新式隔間材料多數需考量工程量體及施工環境，所以很少為一般住家工程所採用，在實際施工經驗上，還是與其他工程界面有很多需磨合的必要。

1. 預鑄水泥牆板

產品係混和輕骨材（陶粒），水泥，砂，發泡劑澆置成塊後（內夾鋼絲網），再以鑽石鋸片切割成不同厚度之板片，運至現場組裝，再將接縫以灌漿方式結合成牆體之工法。

2. 輕質流漿牆

構造主要材料為輕鋼架、纖維水泥板、水、水泥、細砂、保麗龍球粒，為達到所需砂漿之流動性（流度值大於110%）與強度（28天抗壓強度達

圖6-2-5　預鑄水泥中空牆板

圖6-2-6　流漿牆板

140kg/cm²以上），水泥砂漿之水灰比必須小於0.55，而保麗龍體積含量則以介於30%～36%為最適當，砂之細度模數則採F.M.＝1.86～2.13較佳；因保麗龍之單位重僅$0.0197kg/m^3$，故所拌成之保麗龍水泥砂漿，其單位重約為$1335kg/m^3$，對減輕隔間壁體之重量甚為有利，整個結構體之淨載重因而減少，結構設計時若據之以分析應力，將可得到較經濟之構架尺寸或配筋，而降低造價。

6-3　壁板材料

所謂壁板：多數是指在既有牆面；因造型需求、使用需求而施作的單面牆體。一般的單面封板牆體都稱之為「壁板」（部份用於外牆的彩色鋼板不計入室內裝修），主要是因應造型所需，並因講求粉刷面平整，以木作施工為基本。

壁板施工材料可分為造型材料、敷面材料（敷貼及粉刷）：造型材料有輕隔間的板材加上木夾板。敷面材料則指所有完成表面裝飾之材料，如壁紙、油漆、高分子材料、仿實木材料等。

壁板施工的方式與目的，主要有下列幾種：

（一）直鋪式

利用7mm以上夾板；或其他板材，以釘裝、膠裝或釘膠裝的工法，將板料披覆於既有牆板上的施工方法。主要用於既有牆板老舊、牆面補強、既有牆面損傷。這樣的工

圖6-3-1　直鋪壁板常利用既有的平整牆面鋪設底板及敷面材料

法，無法解除既有牆體的不垂直、扭曲及不水平現象。

（二）單面牆體

單面牆體的骨材結構與輕隔間牆的施工方法有點雷同，差別在於平整度只需要注意單面。單面牆體施工時，其骨料可以使用輕鋼骨、木質角材，主要目的在取得牆板之平整。

主要用於既有牆板老舊、既有牆面損傷、隔離牆面危害、配置水電管路需求等。這樣的工法，可以解除既有牆體的不垂直、扭曲及不水平現象，並且把「牆面危害」做治標性的處理。

圖6-3-2　利用角材增加壁板的平整度，並有利於電氣配線

（三）造型壁板

造型壁板一定會有立體設計，在牆體上做深度差、高低差、造型及曲線，並且會利用多種粉刷材料做為裝飾。

壁板造型多數由木工使用木質材料做為結構與造型材料，少數因商業需求，而可能出現「雕塑」形態的壁板，則已超過單面壁板的施工範圍。造型壁板除了可以解決前兩項的既有牆體缺點，在很多裝修工程的造型設計上，也是一種必須使用的設計方法。

圖6-3-3　利用造型形塑牆面的立體感

6-4　天花板的裝修材料

室內裝修天花板的主要目的是：美觀、隔音、吸音、方便設備管路配管線、形造設計風格，其中「方便設備管路配管線」主要目的還是為了美觀。

天花板屬於《建築物室內裝修管理辦法》中第3條：

> 本辦法所稱室內裝修，指除壁紙、壁布、窗簾、家具、活動隔屏、地氈等之黏貼及擺設外之下列行爲：
>
> 一、固著於建築物構造體之天花板裝修。：
>
> 二、內部牆面裝修。
>
> 三、高度超過地板面以上一點二公尺固定之隔屏或兼作櫥櫃使用之隔屏裝修。
>
> 四、分間牆變更。

其主要管理項目在於天花板裝修材料之防火效能。《辦法》之所以把天花板列在第一項作規範，是因為建築物的裝修行為不一定會改變既有分間牆；但多數會有天花板的施工行為。

圖6-4-1　天花板的材料應用可以無限想像

天花板的防火效能分成骨料與板料。室內裝修天花板可分為木作天花板，輕鋼架明架、暗架天花板、其他沖孔造型天花板與鋼構天花板。在使用方便性上，仍然以木作天花板及輕鋼架天花板較為普及。其中的差別在於骨料與造型板料，當然；他的工法也會影響造型施工：

（一）骨料

所謂骨料：是指裝修工程完成造型的結構工件。在完成天花板造型之前，必須完成這造型的模型結構，而完成這些結構的主要材料，我們稱他為骨料。

不同的施工模式會使用不同的骨料，而工程獲得的施工品質及外觀造型也不一樣。也因材料屬性的不同，造成工法的差異，所以產生不同的工程造價。下面舉最常見的三種天花板骨料作為分析：

1. 木作天花板骨料

木作天花板所用的骨料為1寸×1.2寸角材，分別為實木角材、防火、防腐實木角材、集成角材，在必須的情況下，木心板也是可被當成角材的一部分骨料；但不能當成主要骨料使用。

實木角材的材質多數為紅柳安、黃柳安、杉木、檜木、松木等具有韌性及不易翹曲的樹種。角材具有造型功能，並具有被釘著、膠著的功能，不能是穩定性不佳的硬質木或是鬆軟材質。

角材骨料的主要功能在於造型結構，所以必須考量材料成本，在早期，柳安木是進口南洋樹種中最為廉價的木材，而材質穩定性高，所以被廣泛應用於木作隔間、架高地板、天花板的造型骨料。在使用進口木料之前，本土木材的使用不能避免，其中使用於這種造型骨料的材質就有檜木、杉木、松木等針葉樹材。

針葉樹材使用於「角材」骨料並不是想像中的「大材小用」，而是一種物盡其利的利用方式。例如小的樹幹材、心材、腐蝕材等，這些材料真的已經不登大雅之堂，只好拿來利用成造型骨料。實至今日；台灣原生種樹木禁伐，這些原本可拿來當成角材的木材，變成一種珍貴木料，當然不可能再出現在裝修工程的天花板了。

圖6-4-2　柳安實木角材

依據材料的特質，木質骨料有下列特性：

(1)**實木角材**

實木角材並不一定會進行人工或自然乾燥，在正常情況下，當木料被進行至製品規格的製材後，他可以在運送過程當中自然揮發一部分的含水率。但也因為木材沒有經過高溫、化學藥劑處理，他會有材質不穩定及病蟲害的危害。

(2)**化學處理實木角材**

實木角材為了達到防火、防腐功能，必須作化學處理。這些處理方法，已有許多文獻資料可查，不在這裡贅述。

天花板骨料防火的目的是與消防規範有關，他的危害主要在於施工時所產生的粉塵微粒，可能影響人體的呼吸器官，尚無資料顯示與空氣品質有關。

圖6-4-3　集成角材

(3)**集成角材**

集成角材就是以旋切材取得的薄板，膠和多層之後，再裁切成所需規格的角材。在實務經驗上，這種角材在結構強度上明顯低於實木角材，且因成型特性，無法替代實木角材在戶外的耐候性。

集成角材因有膠著成型的特質，讓材料產生施工方向性，因膠著的特性；也影響角材不同方向的應力，影響工法的使用。一般的實木角材，除了結構應力與材料結構面外，在裝訂時不用考慮裝釘的「抓釘力」；但使用集成角材必須考慮這些。集成角材在裝釘時，因為材料特性，必須使用氣槍釘施工，在使用手工釘施工時，很容易出現劈裂現象。

2. 輕鋼架暗架骨料

所謂「暗架」適用於對照「明架」骨料的一種區別。輕鋼架暗架施工主要是用於平頂及非曲線造型天花板的結構，因為要取得價格優勢，以便於與木作天花板做市場區隔而衍生的工法。

輕鋼架暗架天花板的骨料結構，主要由支撐架（俗稱蜈蚣腳）、暗架主架及吊筋構件三個部分組合而成，以5公分為模矩。支撐架接合暗架主架時使用卡榫工法，快速且尺寸準確，這是讓輕鋼架暗架天花板在價格競爭上得以競爭傳統木作天花板的原因之一。

暗架天花板的吊筋必須是剛性吊筋，他必須承受天花板的靜載重，也必須能承受施工時由下而上的施工壓力；但在使用自攻牙螺絲固定時，會產生一定的誤差。因為這個誤差，會使得天花板的完成面無法獲得好的平整。暗架主架使用軌道式工法，板材的橫向接縫沒有下角料，影響平整度，且讓後續的塗裝工程加增工程經費。

圖6-4-4　輕鋼架暗架骨料

輕鋼架暗架的施工，會受限於材料模矩規格，也受限於材料工法，工匠沒有「裝修」技術的情況下，無法完成造型需求。在施工造型複雜或曲線造型時，有施工難度，很多情況下必需求助木作收尾。例如線型出風口的開口與處理，暗架骨料為鋼鐵材質，導溫係數高，如以冷氣直接接觸，容易產生冷凝現像，而這就是暗架天花板無法自行處理的一部分。

暗架骨料尚有企口金屬板所使用的骨料，主要差異在板料的材質與施工方式，除依據特殊規格生產的沖孔板材之外，其他骨料的形式與施工方式差異不大。

3. **輕鋼架明架**

所謂明架：表示骨架在施工完成後，會顯露於粉刷材料外的骨架材料，可分成明架及半明架。

4. **其他鋼骨材料**

天花板因造型材料與吊掛載重的目的，他可能會出現專用骨架、鋼骨材料、複合式骨料等，只是這種造型的天花板不容易出現在一般住宅或普通營業場所。

圖6-4-5　明架天花板

圖6-4-6　在室內的頂蓋建築結構，也是天花的一部分

（二）造型材料（板料）

板料是完成天花板造型的披覆材料，其材質可分為木質、金屬、高分子化學、玻璃、礦纖合成製品等。依據使用目的、造型設計，法規需求等使用，在應用上需選擇適當材質。

1. 木質板料

木質板料有實木材料及合成材料兩種，使用於木質骨料為主：

(1)實木材料多數為制品

例如企口板、集成板料或依設計目的所使用之實木製材板料。不論是製品或是成品，材質本身就具有一定的市場單價，有一定的市場價格區分；但部分板料的使用可以減少塗裝費用的支出。但也可能因為部分成品為塗裝品或為非粉刷面材質，而可能支出更高的塗裝工程成本。

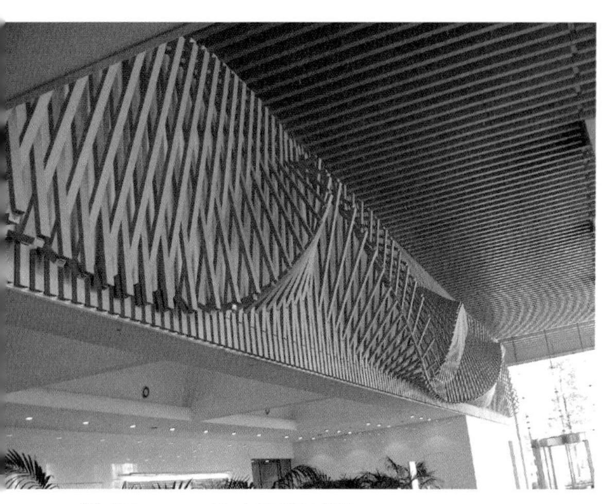

圖6-4-7　實木造型材料

(2)合成板材

一般指的是夾板或夾板化妝板，常使用的板材有木心板、夾板、易可彎等。大多數的夾板是不具防焰效能的。

夾板使用於天花板的披覆，一般使用4mm夾板，因為材料本身的輕薄，裁切、施工方便，與木質骨料的膠合性佳、造型容易，是很常見的天花板材料。

圖6-4-8　矽酸鈣板與夾板

圖6-4-9　用在欄杆的沖孔鋁板

2. 金屬板料

金屬板料用於天花板有以下幾種成品：壓花、沖孔鋁板、企口鋼板、沖孔鋼板等。板材同屬造型及粉刷材料，很少用於住家，常使用於挑高天花空間，其粉刷面的維護上較一般塗裝面簡單。

3. 高分子化學材料板材

在裝修材料上，對材料使用聚合反應生成的材料都會歸類於高分子材料。在生活中最常接觸的有：PE、PC、PVC、壓克力、FRP等，用於採光、美觀，屬於工程造價較低位階的施工材料。

圖6-4-10　因防水特性，高分子材料常見於頂蓋雨遮的使用

圖6-4-11　玻璃用於天花板，多數會利用其透光的特性

4. 玻璃

玻璃類用於天花板時，通常用於間接採光，正確的分類，他已經不能算是「造型板料」，他屬於粉刷材的一部分。

5. 礦纖合成製品

礦纖物質是很早就被發明的一種礦物纖維，例如：石棉。在科技產業的研究；及環保意識抬頭的影響下，石棉製品消失在我們的生活環境當中。石棉製品不是沒出現裝修板材的製品當中，幸運的；他的應用不廣泛，並且很快的被禁止使用。

常見的礦纖板材有：礦纖板、氧化鎂板、纖維水泥板、矽酸鈣板、礦纖石膏板等。其中，礦纖板因質輕且材質鬆軟，多數只用於輕鋼架明架板料；氧化鎂板因本身的吸水性，已被市場淘汰。水泥板一般不用於天花板的板材應用，最常應用的礦纖板料為矽酸鈣板、礦纖石膏板。

6. 石膏板

石膏板的應用已經有一百年的歷史，但一直不是國內被廣泛應用的裝修板材——最少一直不是住家裝修被選擇的材料。

就材質分析，石膏板是目前所有板料中最穩定的一種物質，在煩惱天花板板料溝縫出現龜裂的問題上，石膏板是最不容易出現龜裂的板料。

石膏在經過一次化學反應之後，就不再產生化學反應，所以材質的穩定性高。但石膏板因為表面使用紙皮做為成形面材，再加上石膏本身硬度不高，給人一種不耐用的印象。石膏板使用在天花板塑型板料時，因為在生活動線上沒有遭受撞擊的可能，如以防潮石膏板施工，其耐用性可以有效提高。

6-5　地板裝修材料

室內地板的裝修用材，是隨著時代流行與生活品質而改變的。就像現代的都市人會得香港腳一樣，可能在50年代以前，對鄉下人而言，這種皮膚病是不可思議的。在那種農業社會，地板還是泥土地，不防水的稻草屋頂，常會讓室內地板高低不平，而拖鞋只是上床睡覺之前洗腳後，隔離泥土的物件而已。

現代人一會走路所看到的就是平整的地板材料，或者說：從一出生，腳上的鞋子就沒離開過腳，就算在睡覺的時候。所謂赤腳走在田埂上的感覺，對都市人是一種奢侈的夢想，但偶而讓雙腳吸收一下「土氣」，其實是人對

圖6-5-1　石板與紅磚地板

雙腳應有的感恩。也因為這樣，除了表現豪華氣派之外，很多人在考慮地板材質時，會有「健康概念」，這值得用心了解。

除了商業空間、奢華感、流行性之外，住家地板材質的第一選擇就是能讓雙腳做最親近的接觸，最好是越接近原始的泥土最好。在現實生活上顯然很難做到這一點，一間在集合住宅十幾二十坪小公寓，動輒就要上班族不吃不喝20年才買得起，要改變腳下那塊混凝土的表面真的不容易。

以下就市場所使用的地板裝修材料做一個概略的介紹：

在介紹地板面板材質之前，先對於「架高」地板的結構方式，做一個概略性的說明，以避免一一說明佔用太多篇幅。

圖6-5-2　福州三坊七巷的古建築裡，很多的地板均為實木地板，主因是地面潮濕，所以在建築營造時，就直接作地面架高設計，並留有通風設計，以利地面濕氣可以排放

架高地板：顧名思義，就是在既有地板上利用材料再使其增高的施工行為。相對於「夾層地板」，架高地板最大的不同是：架高地板只為地板增高之目的，不負責垂直空間的再利用，所以：架高地板或利用支撐架幫助負載重，而夾層地板則是本身的骨架結構本身需負責負載重。

對所謂的架高地板，最簡單的印像就是所謂的「炕床」或是和式地板，這些都是利用鋼骨或是木角材作為結構，達到地板架高的目的。新式工法則是利用高密度的保麗龍板作為支撐材料，全面平均架高地板，優點是可以使地板受力面積平均、減少角材結構可能產生鬆脫的影響；缺點是，有一定的高度限制，保麗龍不是環保材質。

另一種架高地板為號稱「網路地板」、「多功能地板」、「鋁合金地板」，不論是哪種名稱，主要是用於辦公室地板的鋪設，方便地面網路的配置。這種地板的架高支撐架類似系統家具的腳架功能，可以利用螺旋調整腳架高度，他不是固定式的地板，很少使用於一般住宅。

就現代工事的用語與工程界定而言，裝修地板是指地面已經完成建築物結構的地板面，我用工法分類，簡單的將它分成直鋪材料與敷面材料：

（一）直鋪材料

是指材料本身可藉由附著材料直接鋪設於地板上的材料。

1. 泥（砂）漿黏著材料

使用泥（砂）漿鋪設的地板材料有：砂漿粉光、磨石子、石材、陶瓷、磚瓦等，是最常見的地板裝修材料。這些材料會因材質本身及施工特性，而使得地板產生與腳面接觸的潔淨感。

例如：使用大理石、崗石、拋光石英磚或是大塊面磁磚敷貼時，因材料表面具有潔淨感，而可以習慣讓腳面直接接觸地板材料。相反的，可能使用小塊面材料或是粗糙面材質，因填縫的關係及材料本身的觸感，會有使用室內拖鞋的習慣，但這多數只是一種生活習慣。

圖6-5-3　拋光石英磚的鋪設

2. 膠合材料

膠合地板材料有：拼花木地板（實木）、塑膠地磚、地毯等。木質拼花地磚為民國60年代以前常見的地板材料，施工完成之後在現場打磨、塗裝、上蠟，是一種很有潔淨感及親近人體的材料。可惜，因施工成本價高、材料也日益短缺，在不敵流行趨勢的現實下，幾乎很難再找得到這項材料。

塑膠地磚因為施工快速與費用預算較低，可以讓地板在最短時間內改變樣貌，一直有很大的市場。他膠合的材料有冷膠、強力膠、地板膠、感壓膠等，施工技法大同小異。

（二）敷面材料

所謂的敷面材料，是指材料本身不直接固著於建築物地板表層，在敷設之前，應有其他結構性或造型性的施工流程。

常見的地板敷面材料有：卡扣式塑膠地磚、實木長條型企口地板、無塵實木地板、海島型地板、複合式地板、浮動式地板……。這些型態的地板都是一種產品及資源應用的產物，不代表最新的產品就代表最好。以下就這類地板材的優缺點及施工成本做一檢單的分析：

圖6-5-4　卡扣式塑膠地磚

1. 卡扣式塑膠地磚

是一種長條型的塑膠地磚，厚度在2mm以上，敷設時不必上膠，利用特殊設計的卡榫，可準確密合材料之間的拼合，講求可DIY施工效能。

因材料本身具有一定的厚度，強化材料本身負載重強度，所以施工在舊有的磁磚地板上時，無需先做磁磚溝縫的補土工作，可以不破壞原地板表面。在實務操作施工上，確實可以很方便及使用簡單的工具就完成鋪設。

但材料費與材質本身的價值性不是很合理，一樣的塑膠地磚，材料成本約高於一般同外觀的塑膠地磚一倍以上，價值感與同等材料有落差。

2. 實木長條型地板

實木長條型地板最少在民國60年代以前就已經開始應用，目前還是被應用在裝修地板的材料上，只是本來的「成品」變成「定製品」。除非特別訂製，早期的長條型實木地板材質只有檜木、紅、黃柳安這三種。在施作拆除工程時，曾遇到松木地板，但那真很少見。

因實木的材料特性，長條型實木地板均使用密合性施工工法，依據材質的不同，需有一定的技術應用，以避免完成面的縮收、膨脹、翹曲等現象產生。鋪設完成之後的地板，需經刨平、研磨，然後再進行塗裝作業。早期的塗裝工作均由木工自行完成，使用洋干漆做為塗裝材料，塗裝表面不一定均勻；但洋干漆本身具有透氣的功效，可以讓人直接躺睡在地板上面而不黏膩。

圖6-5-5　長條型地板的應用年代很早

後期的地板塗裝改變成NC塗料，可以讓塗裝面均勻、平整、亮麗，但也阻隔人與自然材料的親近。施工繁複、材料單價高漲、沒有流行感，這是讓這一材料快消失於裝修工程設計的主因。

3. 無塵實木地板

最早進口的無塵實木企口地板，其材質多數為橡木、楓木，寬度5cm；長度為亂尺，表面有一層很厚的臘。亂尺面材的鋪設有一個基本條件，就

圖6-5-6　實木柚木企口地板

是必須鋪設底板，無法使用軌道式工法，以角材結構直接鋪設。當時進口的實木企口地板，算是一種很時髦與高級的地板裝修材料，因為是新的材料與工法，所以鋪設流程都依照原廠說明。可以說；這階段的無塵地板是一種很完美的設計。

好景不常；應該也不能這樣說，應該說，台灣人真的幸福。那種高級、昂貴的地板材料，不到一年的時間，台灣的建材商人就讓他普及化了。台灣的木材商人真是舉世無雙，為了台灣經濟，深入南洋一些不毛之地，然後把一些不知名的木頭，取個好聽的名子，把木材進口回來台灣。

民國70年代，是實木無塵企口地板最興盛的年代，舉凡黑檀、胡桃木、花梨、象牙木、楓木、橡木、柚木、檜木……，都可以出現在產品目錄上，應有盡有，任君選擇。這時期，為了呼應台灣人對材料價值感的印象，材料規格由原來的5cm，進而衍化為8cm、10cm、12cm、15cm、18cm，當然；材料規格越大，產品單價也會越高；但也開始出現水土不服的現象。

實木材質的穩定度，會因為弦、徑向面的縮收率而產生不同的翹曲現象，會因材料的厚薄比率、材質、含水率，而產生不同的穩定度。無塵企口實木地板最大的一個賣點，就是表面塗裝，為了達到這個塗裝面的完整，塗裝素坯最佳的乾燥度為12～18%（含水率）。但含水率是一個很複雜的物理問題，樹木本身的纖維走向、裁剖的面向、木材本身的游離水、樹齡等原因，都很容易影響實木的穩定度。

4. **複合式地板**

複合式地板出現在實木企口地板之前，俗稱1尺6尺。是一種4分夾板面貼薄皮、透明塗裝的地板材料。四面車有「公母榫」，用於架高地板時，可以直接釘裝，用於直舖時，需先鋪設防潮布、夾板底板。

圖6-5-7　複合式地板

複合式地板的價錢約與當時的柳安地板差不多，但不用再現場塗裝，本身的面薄皮約在15條左右，塗裝料的耐磨損係數不高，很容易產生表面磨損及老舊現象。

5. **海島型地板（俗稱厚臉皮）**

其實也是複合式地板的一種，主要是為了改善實木企口地板在本地不適應的氣候環境，其優缺點正好界於實木企口地板與複合式地板之間。

海島型地板改善整塊實木容易翹曲及塗裝面龜裂的缺點，同時也改善複合式地板表面集層材式的表面拼花，加強塗裝面的耐磨係數。海島型地板的基材一樣是夾板；部分材料還會貼附一層高密度泡綿，但效果不顯著。表面所黏貼的薄片約從30條～350條不等；也就是0.3mm～3.5mm。薄皮是一種旋切木皮，其木紋理及木纖維組織在旋切過程當中，會產生

圖6-5-8　旋切薄片

「劈裂」現象，所以不會有實木的纖維強度，因此也就不會再產生縮收及翹曲的現象。

雖然是旋切材質，因厚度夠，在塗裝後，會有實木材質的立體質感，因此能大量取代實木企口地板的市場。在現有的市場上還有兩項較特殊的產品：手刮地板及遠紅外線地板。手刮地板是用表面貼著200條左右的薄片，利用刮刀在表面刮出深淺刮痕，表現出一種立體觸感。遠紅外線地板則是強調使用科技，讓地板可以產生遠紅外線的能量，是不是真的有那種功效，由讀者自行判斷。

6. 浮動式地板

所謂「浮動式地板」，是指地板材料在底板上形成一定面積的區塊，而能讓材料能獨立的伸縮，不受建築結構的影響。

浮動式地板的底板分為密集板與夾板，表面黏貼美耐板，耐磨係數分別為7,200轉與10,800轉，總厚度不超過7mm。浮動式地板多數使用在直鋪地板上，所以地板底板必須是一平整面，施工程序分別為：鋪設PVC防潮布、泡綿、浮動式地板。使用專用黏膠，依廠商施工說明施工，將材料一片一片膠合成形，使其成為一個完整的塊面。

浮動式地板因為考量材料的伸縮量體，所以有一定的施工面積，超過這個面積，需使用分割方式施工。在分割介面或是牆角收邊，已發展出專用線板，可以讓施工更簡便。浮動式地板的價錢高於塑膠地磚；但低於其他木質地板，優點是整體表面密合完整；缺點是清潔保養不易。

6-6　櫥櫃材料

櫥櫃材料在古代的營造工程上，其實不是一個問題，因為他不是營造的一部分；但新的營造工法與型態，他變得不得不是裝修工程的一部分。

要把櫥櫃歸在裝修工程分類的一部分，他最早也只能追溯到所謂「販厝」那個年代，說穿了，是一種賣屋伎倆。從古至今；櫥櫃都是「家具」的一部分，他很少被與建築物一起規劃設計的，所以他一直被歸類於擺設。

圖6-6-1　古建築的家具還是以陳設設計居多

不能完全說櫥櫃與建築營造就完全無關，中國古代建築，有很多的範例可以看出建築營造與裝修營造一起設計的軌跡，這種方式在舊建築物裡可以發現他的巧思。新式建築受《建築法》的約束，或許應該說，新式建築物因為使用目的不確定、使用人不確定，所以在營造的過程當中無法把櫥櫃的設計考量在裡面。

不論是中古屋翻修或是自建住宅，自用的機率極高，在營造的過程當中，如果能確認使用機能，對整體空間設計有一定的加分效果，也可以有效的節省工程費用。櫥櫃材料的選擇沒有想像中的複雜，大概就是幾個面向：工程預算、耐用、實用、美觀、設計感、環保等這幾項訴求：

（一）工程預算

工程費用的基本概念大致如下：越天然的材質，他使用的工資成本越會相對增加。

圖6-6-2　精美又高貴木料的觀賞櫃

因為了表現材料的質感，就必須使用更細膩的工法，而為了表現獨特感、設計感，就會使用更多的手工藝；或特殊加工的機器工藝。當這些工藝不能是模矩化生產時，他一定提高施工成本。

相反的：如果只是為了契合工程預算，就該在工程預算內尋求可行的設計，他不可能獲得「物超所值」的工程服務。這裡舉一個簡單的概念：如果行業慣例是一個木工一工可以完成3.5坪的夾板平面天花板，而你要求一個3坪天花板工資打折計算，相信你不會做這種事情。

（二）從耐用的角度看

單從櫥櫃所使用的材料來分析這個問題，又能單獨寫一本書了。櫥櫃的材料，簡單分類為：桶身（櫥櫃結構）、門片及五金配件，這只能作概略性的分析：

1. **桶身**

如果要做一個衣櫃，最好可以用實木的樟木料施作是最好的，肯定百年不壞、防蟲、防蛀，又不怕甲醛逸散；但實木工法不適合用於裝修營造設計。真的用實木做為櫥櫃的桶身材料，耐用、實用都可以肯定的；但有點拿「檀木做馬桶」──可惜了材料。

圖6-6-3　化妝板加工

現代式的裝修風格，櫥櫃工程的設計有部分必須負擔修飾工作，所以會以集成或膠合材料做為考慮。實木工法與現代式的裝修木工工法有很多技法上的差異，他在木作分類上屬於家具木工的專業，以下只就合成板材作耐用性的介紹。

常見的櫥櫃桶身結構有三種樣式（系統櫥櫃材料另外說明）：

(1)**實木卡框**

早期利用實木作為框架，內崁夾板或單板的一種櫥櫃桶身的結構方式，主要目的在於保留外觀的實木框架，節省材料費用。

因工資成本高漲、使用習慣、實木材料價高、五金使用方式改變、不符合現代的使用機能等，已將近三十幾年不出現這種施工方法了。

(2)**空心板**

約在民國60、70年代出現的產物，主要目的在節省材料成本。當時已經有木心板的應用，但木心板與當時的工資相比，節省材料是一種節省工程成本的手段。這是一種時代產物，如果現在要把櫥櫃結構先壓製成空心板，成本肯定比直接使用木心板還高，況且；沒有比較耐用。

空心板櫥櫃有很多應用在建商附贈的裝修項目裡，民國60年代、70年代初期，集合住宅的建築商人開始推出所謂的「樣品屋」，其中就展示房屋完成之後的「室內設計」。為了招攬生意，建築商人把附贈「裝潢」當成一個噱頭，其中附贈最多的就是天花線板跟衣櫃，流理檯是後面的事。

(3)**木心板**

約在民國60年代中期，木心板已經開始全面應用在櫥櫃桶身的製作上。最早的品質分類很簡單，就是冷壓木心板與熱壓木心板，還有就是用廠牌做為等級分類：依序為

圖6-6-4　木心板面貼優美板桶身結構

林商號（高級）、永建和（中級）、一般廠牌（普級）。

能用到林商號的木心板，那時候表示對工程品質高要求標準，一般工匠多數搞不清楚林商號的木心板到底好在哪裡？其實是當時林商號最先推出「紅膠夾板」，所謂「紅膠」，其實就是因為膠著劑中含有「酚」的成分，酚與尿素結合會產生紅色，並且讓這個膠著劑產生耐水功能，所以也稱之為「防水夾板」。

就木心板膠著功能而言，只要是用於櫥櫃等級的熱壓木心板，他幾乎都有近20年的壽命。這是指四十年前那種木心材料容易取得的年代，因為膠著劑與樹種材質還是有相對的關係。

冷壓木心板已經很少見，這點讀者可以不用多慮，但因實木原料取得不易，讓木心板出現新的分類；芯材與麻木芯材的區分。這個材料也是在網路上備受爭議的一種裝修材料，有必要在這裡跟大家說詳細一點。

木心板的製程分為冷壓及熱壓，冷壓是利用物理架橋膠合，熱壓是利用化學架橋膠合，因膠合劑的物理還原作用不同，所以熱壓夾板會比冷壓夾板耐用。木心板的品質除了膠合過程之外，木心材料也是一重要製作過程。在材料取得容易的年代，木心板的木心一定都使用柳安木材質，並且因製作要求，其木心排列緊密而完整，咬釘能力緊實。

當柳安樹種越來越不容易取得之後，開始使用其他樹種木材做為頂替，最早出現的就是麻六甲合歡，這種木心板最早出現時就被稱之為「麻六甲」；因裁切時容易引起鼻子過敏，噴嚏連連，所以也被稱之為「打噴嚏牌」。

芯材或麻心材木心板，到底哪一種對空間會產生空氣危害，這其實由商檢局做一個統一說明比較正確。但就實際使用經驗，這兩種木心板的材質，確實有不一樣的地方，一般芯材木心板可以使用正確的釘裝，但麻心材沒有咬釘力，必須使用裝訂螺絲。

櫥櫃結構的內裝表面材料分成素面、貼薄片、貼紙皮、波麗、優美板、美耐板等材料。所謂素面，表示木心板表面未做美化處理，貼薄皮的工作早期是工匠在現場黏貼，後期則進化成化妝板形式的材料形式。早期的衣櫃內筒多數黏貼樟木薄皮，那是延續樟木衣櫃的一種印像，但因為樟木容易氧化，在不塗裝的情形下，衣櫃內很容易感覺老舊。貼紙皮、波麗、優美板等為化妝板材料，不需現場加工，美耐板面則需現場黏貼，也是櫥櫃內桶較為高成本的施工方式。

2. 門片

櫥櫃的門板是關係櫥櫃造型美觀與實用價值的重要構件，基本上有幾種形式：

(1)實木卡框門板

實木卡框門板是延續卡榫門板的一種設計風格，框架的肚板早期都是同材質的實木單板或併貼單板，然後加以造型修邊；後期則部分使用化妝板，以減低材料成本。

實木卡框門板仍然可見於「鄉村風」、「古典風」設計風格的櫥櫃，不論新式設計如何新穎、流行，他仍然佔據在很頂端的消費市場。因實木本身就會因為樹種本身表現材料的身價，材料可提供多樣的表面裝飾選擇，在許多高級進口家具、流理檯的身上，永遠不會缺乏他身影的存在。

圖6-6-5 仿或實木卡框門板，一直是高品質的象徵

(2)實心門板

所謂的實心門板包含實木門板及合成材料門板，這種將整塊材料當成門板使用的工

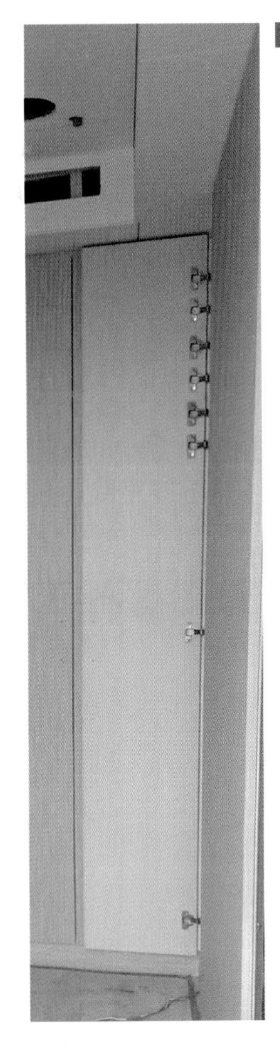

圖6-6-6 如果為了門片承重，西德鉸鍊這樣裝，其實也用不久

圖6-6-7 空心門板從比重與側面很容易分辨

法，在施工品質上並不代表是一種高品質。就物理特性及工藝價值而論，一扇未經工藝處理的門片，本身就有材料變形的可能，更者，這樣的門片本身不具有工藝價值，而且影響五金構件之承重。

現階段的實心門片是不太可能使用整塊實木或併板實木，但常見為了節省製作成本，將整塊木心板裁切成門板使用。這在裝修工程品質上，是一種低廉的工藝成本，不會因使用整塊木料而提升工程價值。

(3)空心門板

空心門板是在合成板料之後才研發出來的工藝構件，所謂空心門板：是指利用角材結構以膠合工法，使門片成為空心之三夾板材料。

空心門板對材料的節省不會產生重大改變，但對結構體的穩固，會有一定程度的影響。空心門板的主要特性有；單體重量輕、膠合穩定、不易變形、減少五金構件對重量之承重。

壓製空心門板在很早以前就可委託工廠代工，這部分如果是具有規模數量；及不產生特殊規格工藝製品，是可以有效降低工程成本。但造型複雜的空心門板，他主要的施工費用在手工藝，也才能突出手工藝的價值，而不是對材料的秤斤論兩。

3. 五金配件

櫥櫃的五金配件可分為機能性五金、結構性五金、裝飾性五金、配件：

(1)機能性五金

是指讓櫥櫃的門板、抽屜，具有開閉功能的五金配件，例如：鉸鍊、滑軌，這些五金的功能日新月異。從耐用上的角度上看，需從廠牌、功能設計跟材質去分析，無法籠統的做耐用說明。

舉個例子：當一組承重只限定10公斤的自走式滑軌，你一個抽屜的本身重量就佔了5公斤，而後；你抽屜又放了10公斤的物品，他的培林一定很容易壞掉。

機能性五金對廚櫃的耐用度有一定的影響，功能越多、構成組件越複雜；其故障率就越高，利如緩衝、按壓，自動慣性五金等。因廠牌、功能、耐用性的不同，五金的價差很大，例如使用拉門滑軌與滑輪，這部分的構件與商品本身就有很高的差異性，並且影響工資的施工成本。

現在最常見的櫥櫃門片滑軌，一般都採用上懸吊滑輪滑軌，他利用三點導向，安裝很方便，但實務經驗上，拉門的垂直方向性並不是很精確。最早期的櫥櫃拉門是採用上下雙軌，門片的垂直方向由四個點導向，能精準控制門片平整度及門片固定度，但材料成本高、工序繁複。

(2)**結構性五金**

結構性五金多數在講櫥櫃之組裝，只要組裝過程合理，對櫥櫃的耐用性影響不大。

圖6-6-8　機能性五金的種類非常齊全

圖6-6-9　拼筒螺絲

(3)**其他五金配件**

櫥櫃的五金配件很複雜，拙作《五金應用》有完整的說明，除了機能性構件外，其他對櫥櫃的耐用性影響並不顯著。

（三）從美觀與設計感的角度

美是有一定的標準，但這個標準，並不是每個人都需遵守的。從達文西畫出維特魯威人（Vitruvian-man）的人體結構，人類好像就追尋著一種比例美學，達文西不是上帝，他的理論也不用當成聖經。在人體比例上，曾經拿維納斯做研究，認為維納斯是女體最完美的比率，但我感覺維納斯太胖了。

唐玄宗寵愛楊貴妃，有人用「環肥燕瘦」去形容楊貴妃，說楊貴妃很胖。先不管楊貴妃胖不胖，胖瘦是一種美的標準嗎？如果以男性先天獸性的標準可能不準，如果讓一個追求理想伴侶的人，他要的可能又是另一種標準。所以，你要設計師幫你設計的櫥櫃，你自己喜歡就好，不用在意別人的

圖6-6-10　這樣的工藝，要說是藝術還是匠氣

眼光，因為他家的櫥櫃；你一樣也可能看不順眼。

同樣的；「設計感」也是一種好惡的問題，也同時夾帶工程經費的問題。一般人很喜歡用「匠氣」與「藝術」做為對照。知名雕塑家朱銘成為一代雕塑大師的故事，相信大部分人都有聽過。聽說朱銘拿著他的作品去找楊英風拜師，就被楊英風嫌他的作品「匠氣」，也許是楊英風對「神像雕刻」有先入為主的印象。何謂「匠」：具有專業技能者。專業技能往往就表現出應有的專業技術，而專業技能的工藝；與具有藝術價值的工藝，就在一線之隔。

西洋美學就對寫真派一片撻伐，認為那種寫真畫法，不如就找一部照相機拍一張照片算了。這論調就對嗎？不見得。模仿藝術一直有他的市場，所以；「維妙維肖」一直有很高的市場價值。米開郎基羅的作品「大衛像」是一座大理石雕像，一樣的人體比例，一樣的寫實風格，「聽說」連大腿摸起來都跟真人一樣的細膩。500多年前，中國的工匠如果雕刻一尊這樣的人體雕像公諸於世，下場很可能是在西菜市場口被一刀兩斷。

所以說；匠氣與設計感有時是一種流行病，有時是一種「近廟欺神」的心態，就像你去外國看到一堆閩南式建築時，你可能沒有出國的感覺，也不會有驚豔感覺。不能說沒有「匠氣」這樣的工藝，這樣的工藝不一定受現在工匠本身所能表現的工藝藝術，而是被工藝技術所限制。一樣的工匠；一樣的設計師，在工藝創作限制越少的狀況下，一定都能激發出不同的創作。

圖6-6-11　算是秀色可餐吧？

你給設計師時間創作、設計費，然後再根據設計結果做工程估算；跟你直接要求設計師做怎樣的目的設計，限制了工程預算。發揮空間不同、創意空間不同、工程預算不同、你自己的藝術品味也異於常人，所獲得的藝術價值就不會一樣。同樣的一部歌子戲，你給他不一樣的演出經費、用不一樣的演員、在不同的場合演出，相信所謂的藝術成就也會有不同的評價。

（四）從綠建築的角度看

綠建築的概念是源自國際自然和自然資源保護聯盟、聯合國環境規劃署、及世界野生動物基金會三個國際保育組織在於1980年出版的世界自然保育方案報告中提出，永續發展的口號（SustainableDevelopment）。

這其實是人類在破壞地球後，又一種偽善的嘴臉。從這個口號提出後，巴西熱帶雨林每年的消失面積沒有減緩過，全世界的武器生產也沒有停頓過。

我國在2005年就製定所謂綠建築四大指標群、九大指標評估體系，這樣的綠建築推動計畫。所謂的四大指標群、九大指標評估體系如表：

除非你是要新建一棟建築物，不然要幫地球出一份心力，可能還是會心有餘而力不足。你可能跟我一樣不是很富有，也許你較富有，那希望你更有心，因為達到這些九大評估，頂多再多花個一兩倍建築費用而已。

言歸正傳：會談到綠建築，主要是裡面有幾項跟室內裝修有關，以目前要求5%的執行標準，對業主還不會產生很大的負擔，可能真的對健康節能還有些幫助。

表6-6-1　臺灣綠建築評估系統EEWH

大指標群	指標名稱	評估要項
生態	1.生物多樣性指標	生態綠網、小生物棲地、植物多樣化、土壤生態
	2.綠化量指標	綠化量、CO_2固定量
	3.基地保水指標	保水、儲留滲透、軟性防洪
節能	4.日常節能指標（必要）	外殼、空調、照明節能
減廢	5.CO 減量指標	建材CO_2排放量
	6.廢棄物減量指標	土方平衡、廢棄物減量
健康	7.室內環境指標	隔音、採光、通風、建材
	8.水資源指標（必要）	節水器具、雨水、中水再利用
	9.污水垃圾改善指標	雨水污水分流、垃圾分類、堆肥

在這九大指標評估體系中，就中古屋翻修最可能執行的有：

節能　　4.日常節能指標（必要）　　外殼、空調、照明節能

外殼指的是建築物的外層建築設計。很多老台北人一定都對建成圓環有很深的感情，但被搞了一個玻璃帷幕建築之後，就把這個歷史景點完全摧毀在印象當中了。玻璃帷幕建築設計是北歐寒冷地區，為了利用玻璃輻射產生室內熱能的一種建築設計。而地處亞熱帶的台灣，根本不需要藉由陽光取暖。這一設計造成很多的都市光害、熱效應，也造成能源浪費。很可惜；制定這些所謂綠建築的委員，很多就是建築師，就是不肯把話說清楚。

空調、照明節能，應該是很基本的節能概念，其實包含冰箱都是，所以政府已經對這些家電堆出節能標章，並提出相對補助。

圖6-6-12　日照所對室內產生的輻射熱，也是綠建築考評的指標

健康　7.室內環境指標　隔音、採光、通風、建材

隔音、採光及通風，如果把它放在同一裝修構件上，還真的蠻為難的；但可以有妥協的空間。

隔音一定必須減少音波傳送與消音，這部分可以利用真空玻璃達到採光的效果。問題是；隔音、採光、通風應該都是跟外牆有關，怎麼搞成室內環境指標?是說外面環境太吵，內牆必須加裝隔音壁板；還是外牆採光面積太小，可以加大窗戶面積；通風，集合住宅應該都設計一根專用的排氣管道間。

上面這些「天書」；不是我這種凡夫俗子能幫衆讀者開示的問題，重點是建材。建材跟「健康」有沒有關係，「也許」，我只能這樣講；因為很難證實他的效果。

大家都怕甲醛，所以有人發明環保漆，可以吸附甲醛；但很快的又有人說：「環保漆可以有效的吸附甲醛；但這些甲醛就永遠吸附在你家的牆壁上。」更有人說：「那些消除甲醛的噴劑是可以有效消除甲醛的味道；但那些甲醛的成分，會讓你不知不覺得吸入更多。」

所以；我只能告訴讀者，如何選擇綠建材標章，有沒有效，請自行判斷。如果可以；就不要讓環境裡有甲醛的存在，我是還有一塊在南部的地可以自己蓋房子，希望你也有。

6-7　系統櫃材料

系統櫥櫃的材料是一種稱之為「塑合板」的板料（ParticleBoard），以台灣CNS2215標準定義正確名稱為〈粒片板〉，在某些國家（比如英國或澳洲），ParticleBoard又被稱為ChipBoard。在台灣俗稱為塑合板，在中國又稱為碎料板或刨花板。在裝修工程上，會有較明確的稱呼，這類由木材顆粒所膠合而成的板料統稱為「塑合板」。

塑合板是一種以木料加工過程或重新回收過程，切削所產生的碎片或細枝為基本原料，經過乾燥後，在製造過程混入膠合劑、硬化劑、防水劑以及阻燃劑種種添加物，在一定溫度下，利用高溫高壓的架橋原理重新壓合而成。

圖6-7-1　塑合板料

塑合板因為是使用顆粒膠合成形，所以板材規格不像一般木心板或夾板受限制，是對材料利用率一項極大的優點。但因為要把細小顆粒膠合、壓製成一塊板料，他所使用的膠合劑量一定比壓制同規格的木心板來的高。也就因為這個膠合劑會產生甲醛逸出，而有了系統櫥櫃廠商一直在強調使用「低甲醛」的塑合板。

對於塑合板的甲醛逸出標準，下面提出一個表供讀者參考：

依照台灣CNS2215，對塑合板甲醛逸出（mg/L）的區分如下：

表6-7-1　塑合板甲醛逸出（mg/L）

區分	平均值	最大值
F1	0.3mg/L以下	0.4mg/L以下
F2	0.5mg/L以下	0.7mg/L以下
F3	1.5mg/L以下	2.1mg/L以下

塑合板的原料來自於常見的木料廢料再利用，理論上他的價格應該比傳統的原木木板以及膠合夾板便宜許多，但市場上卻出現一種很畸形的估算行情。估算工程單價一定必須將材料、材質、工資、造型一起做為估算基準。如此；我舉同樣一座8尺長×8尺高的衣櫃做計算比較：

裝修木作的工程估算必須依據造型設計、材料、材質、工程規模做為基準，在材質與造型上，裝修工程有無限可能；但系統家具有其限制。所以；我舉兩者都能使用的材質做為比較基準。

裝修木作：優美面或波麗面木心板、夾板抽牆板、實心門片、三節式抽屜滑軌、緩衝西德鉸鍊、ABS同色封邊，一尺5,000元，保用20年。

系統櫥櫃：紙皮面塑合板、塑合板抽牆板、實心門片、二節式抽屜滑軌、緩衝西德鉸鍊、ABS或PVC封邊，一尺7,000元，保用？年。

這當中的問題點是：優美面質與波麗面質比紙皮材質耐用，木心板的材料比塑合板價格高、工藝價值比系統的機器工藝高，耐用性更不用比，為什麼施工單價被系統櫥櫃壓著打。

在材料的適用性上，台灣這種海島型氣候，不是很適合塑合板的環境，商人要賣你商品一定都會有一套很美麗的說辭，價值的判斷還是要靠你自己。

在美麗廣告糖衣的包裝下，背後的真相對顧客一定是必須蒙蔽的，這些矇蔽主要是為了一個主因：暴利。曾經我公司的一個助理，因顧客指定要使

圖6-7-2　這是系統櫃拆裝一次的版樣

用「系統家具」，而這個助理也在系統家具設計單位上過班，我請他做出一份估價單。這份估價單讓我傻眼：「很不合理」。我說：「系統家具的優勢就是便宜，為什麼比木作來的貴？」他回說：「客人就吃廣告那一套，我也感覺不合理。」

系統樹櫃從材料、生產、組裝等流程，我來做一個分析，他應該有的價值，由讀者自行去判斷：

（一）所謂系統

系統櫥櫃的原義是利用一種「模矩」化規格，設計、裁製、組裝的概念，能減低人工的一項家具生產概念。主要是因為系統櫥櫃所使用的板料規格大於一般的夾板或是木心板，他的產品規格如下：

表6-7-2　塑合板規格表

產品規格	
尺寸Size:	4'×8',5'×8',6'×8',7'×9'及其他各類訂製尺寸,etc
等級Grade:	F1,E0,E1,E2
厚度Thickness:	9mm、12mm、15mm、18mm、21mm、22mm、25mm、28mm、30mm
進口Importedfrom:	泰國，智利，比利時，羅馬尼亞，義大利，紐西蘭，澳洲，奧地利，等
運用Usage:	各類家具，系統櫥櫃等等
表面處理Surfaceprocess:	可貼紙，貼PVC，貼實木皮，美耐板，貼麗光板，美耐皿處理

圖6-7-3　圖中這種固定式的層板，系統板料在施工上有困難

在這個規格下，系統櫥櫃的材質利用率肯定高於一般使用木心板或夾板的裝修木作，所以；光就材料利用率這一項（塑合板沒有方向性），他工程的計算基準就不該高於裝修木作。

系統櫥櫃的模矩係數為3.2cm，用在櫥櫃的高度計算，與這高度有關的數據為；門片高度、排孔、鉸鍊位置。現階段，系統櫥櫃為了迎合市場需求，早就忘了這個所謂的「系統」數據，而是能搶一攤生意是一灘，早就強調「客制化」。而這個客制化規格，根本就背離系統櫥櫃的生產概念，生產的品質跟裝修木工不能相比，還是有人相信這一套，只能說廣告效益無遠弗屆。

（二）材料的防潮

相較於木心板或夾板的耐潮性，塑合板在這方面是一個很大的缺點，尤其是在台灣這種海島型的氣候。這個缺點主要可以針對塑合板的耐潮性、機械特性、以及甲醛逸散量來分析：

只要是木料材質，其實本身都難逃遇水會吸水膨脹的情形，而脫膠、受潮也是很重要的問題，塑合板也自不例外；塑合板最大的缺點是容易因為受潮而產生斑點以及板材膨脹變型。因應這點，業界依照塑合板的耐潮程度，將塑合板的防潮（水）性分為以下三種等級：

V20：並無24小時浸水厚度膨脹率的定義

V100：一般稱為防潮板；24小時浸水，厚度的膨脹率在12%～18%之間

V313：又稱防水板；24小時浸水，厚度的膨脹率為6%～12%

所謂的V313，這是一套濕循環的公定測試方式；他的測試方法如下：

1.在20℃以上之水中放三天

2.接著在零下72℃的環境中冷凍一天

3.在零下70℃以上的氣溫環境中再乾燥三天

4.以上程序重複三次

5.在以上程序完畢後，再將這塊板子置於相對溼度65%及20℃環境中氣候化，再檢視這片塑合板的張力、強度與膨脹率必須低6%

就以上所分析的板料防潮、防水等級來論，台灣這種海島型氣候，全台各地的年平均相對濕度為75%～85%，不要說沒防潮能力的V20，就算是V100的板料，放在水裡24小時就會膨脹6%～12%，那想想看，當這塊板子放在相對濕度75%～85%的環境裡「經年累月」，結果可想而知。

在強調具有防水等級的V313，其使用極端環境的測試方法，在台灣根本不可能存在這種環境。以其「5. 在以上程序完畢後，再將這塊板子置於相對溼度65%及20℃環境中氣候化，再檢視這片塑合板的張力、強度與膨脹率必須低6%」的訴求而論，台灣的年平均溫度大多在20℃以上，相對濕度也在65%以上，一樣不合適台灣這種海島型的氣候使用。

（三）材料的重量

所有材料的單位重量都會因密度不同而有差異，同樣做為櫥櫃板材，木心板與塑合板的單位重量就不一樣。板料的計算公式如下：

木心板寬度（cm）×高度（cm）×厚度（cm）×0.4（木心板的密度）÷1000＝木心板重量（kg）

以4′×8′木心板的規格，其計算如下：122×244×1.7×0.4÷1000＝20.24Kg。同樣規格的塑合板，其計算如下：122×244×1.8×0.7（塑合板密度）÷1000＝37.51Kg。（這是最保守的重量計算，實際上塑合板的比重可能高達木芯板的三倍）

簡單的以才積重量計算，一塊木心板為32才，20.24÷32才＝0.63Kg/才，換算成塑合板的材積重量：37.51÷32＝1.17kg/才。材料單位重量在櫥櫃活動構件上是很重要的數據，一片門片的重量與鉸鍊的承重與耐用度會有很大的關係。

前面曾談到裝修櫥櫃的門片種類，多數的裝修櫥櫃會習慣使用空心門板，但系統櫥櫃沒有這項工藝，他為了達到施工快速，所有構件板材都利用1.8CM厚的板料裁製。假設：一片60cm寬×244cm長的門板，約為16才×1.17＝18.72Kg，已將近是一整塊4×8木心板的重量。可以想像，4只西德鉸鍊，他能支撐這片實心門片多久時間而功能依舊？

回過頭來想想；為什麼塑合板的比重會比木心板高這麼多？黃金是用重量計算的，但裝修材料不是比重越大越好，所以，塑合板為什麼會比較重？這值得探討。

從上面的計算公式就出現一個問題，就是密度比重，木心板的比重並不是一個「常數」，而是一個可能值，他界於0.35～0.5都有可能，上面的計算是取中間值計算。塑合板的組成骨料顆粒係數小，密度平均，所以可以有一個較為統一的「常數值」，這也就是把塑合板密度定在0.7的一個計算值。

除了材料密度之外，或者說，木心板的木心，其排列密度，木質結構可能不低於顆粒的擠壓；但為何塑合板還是比重密度比木心板高。這當中的重量可能出現在「膠」，也就是在塑合板的成形過程，他必須利用膠合作用讓骨料產生結構強度，因此他使用的膠著劑量可能比木心板多好幾倍的量。這也可能是系統櫥櫃業者一直訴求「低甲醛」板料的原因，但真正的甲醛逸出比例卻一直不肯公開跟消費者說明。

最後來談一下商業道德的問題，裝修木作是賣材料跟工藝價值，而系統櫥櫃真的只是在賣材料而已。系統櫥櫃的計價公式是以櫥櫃的使用才積做計算，桶身結構分割越小、層板越多，越是有利。就是累積才積來賣錢，只要生意上門，生產、組裝，都不用費心。一張立面圖畫好，生產商會幫忙「拆圖」，板料到工地，通知組裝工人到現場組裝，以單位計酬，不怕虧本。這就是市場上越來越多室內設計公司，變質為系統櫥櫃門市的主因，因為好賺，因為不用施工管理；但只要動用到現場裝修工程管理，結果多數上法院。

講個笑話（真實的）當這段落的結尾：

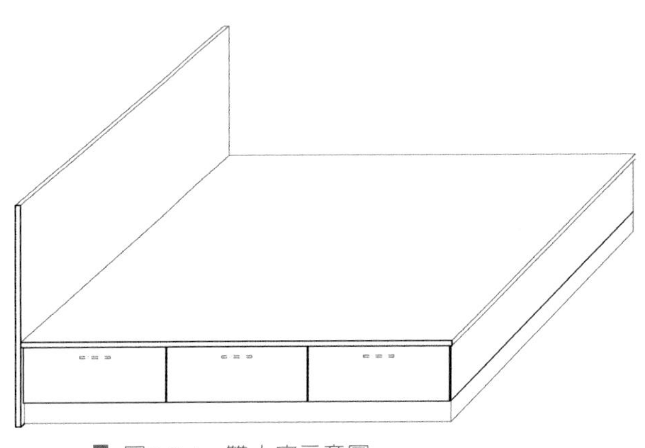

圖6-7-4　雙人床示意圖

我公司的一個前助理（小許），離職後去了一間半吊子老闆的設計公司上班。這老闆原來從事鐵工，因工作耳濡目染，看到系統櫥櫃的商機，於是就開了一間設計公司。

有個案子；是一個新人房的裝修案，老闆派這個小許統籌這個案子，也還順利。某天；客戶來公司溝通一些施工上的問題，正好講到他那張新床還沒選定，小許也不置可否。

客人走後；老闆叫來小許一陣責怪：「不懂得為商之道。」他告訴小許，客人要一張床，我們就給他一張床，怎麼這樣不懂得推銷產品呢？小許不得不硬著頭皮畫一張雙人床座，去跟客人推銷，拉到了生意。

裝修木作早期常會幫業主製作雙人床座，但因為造型呆板、笨重，後來多數的設計師都會建議業主選購活動家具。那小許幫客人用塑合板做這張雙人床座的結果會如何？鬧了個笑話！

那個雙人床座的結構設計，是使用系統板料床座結構的設計，這一來就方便計算了。

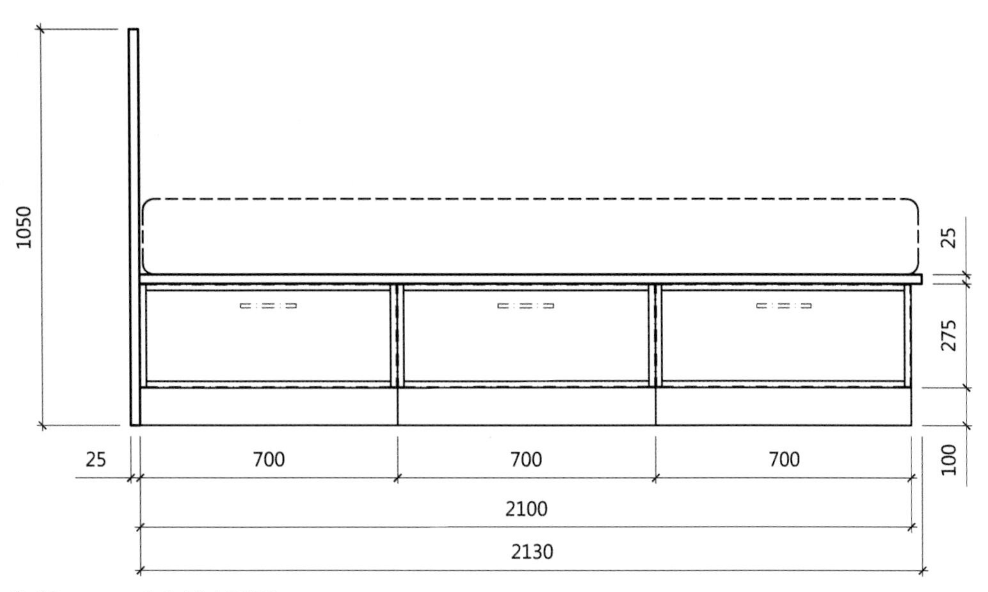

圖6-7-5 床的側立面圖

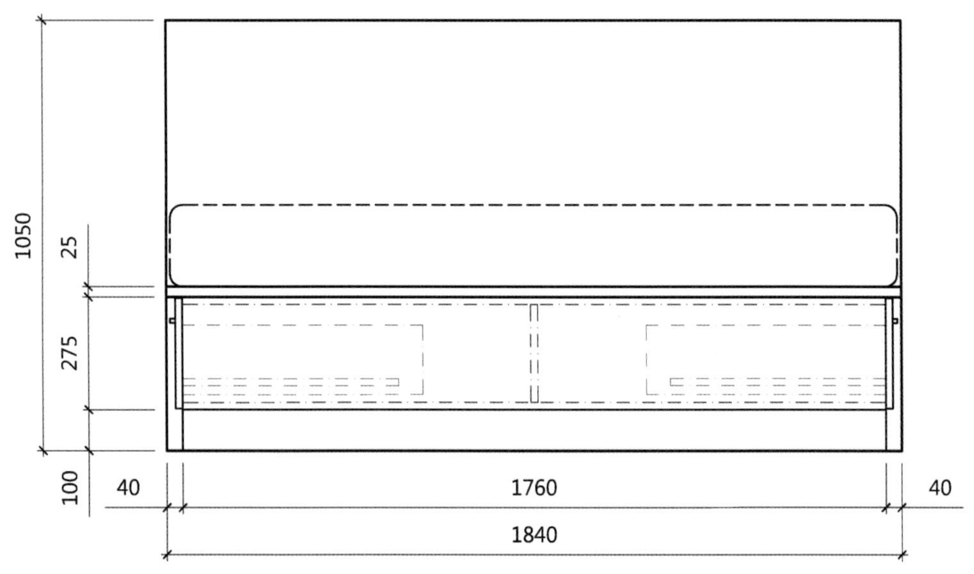

圖6-7-6 床的正向立面圖

立面框架的木心板共為22.4才×2＝44.8才，支撐結構為25才，床座結構約為90公斤（部分25mm厚板加強），床板使用25mm塑合板共42才×1.5公斤＝63公斤，床頭板21才（25mm板）×1.5公斤＝31.5公斤。也就是說：當一張雙人床座使用塑合板製作時，他的基本重量會高達185公斤以上。再計算六個抽屜及抽屜的抽槽結構，可能再增加100公斤。

這當然還沒完，老闆還要求小許發揮創意，幫這個床座設計床下收納櫃，可掀式床頭板造型。據小許說：「那張床完工之後的重量大約有4～5百公斤。」

這樣下來：一個黃道吉日，找來小龍男孩，準備舉行「安床」儀式，但一堆人就是沒辦法把那張床推定位。

以400公斤計算，約相等於400÷22.24＝17.9片4×8的木心板，躺在這一大堆「低甲醛」的板料上，他的量也是很可怕的。

柒、室內裝修業者存在著哪幾種人

要簡單的分類室內裝修業者：大概可分成三種人：

專業、非專業、騙子，這三種人或是公司行號，一直都生存在這個業界，他是因應市場需求所應運而生，因為業主也是良莠不齊。市場的供需條件很簡單：「有需就有供」，你需要專業，這市場就提供你專業；你需要半吊子的，就可以提供你半吊子的；如果你存心想貪小便宜，那這個行業裡也從不缺乏坑矇拐騙的人才。

所謂隔行如隔山，每個行業都有他的專業領域，例如：知識、職能、法規、執行方法、行業規範等。學成一門專業技能都要三年四個月了，何況是整個行業的專業技能。專業的養成非一朝一夕，而要一個外行人了解一個行業的基本知識，也不可能像武俠小說寫的打通「任督二脈」，行血七十二周天，就能增加一甲子功力。

如果你關心自己的裝修工程，就不要相信那些「秘密」之類的說法，在專業的領域，除非是「騙術」，不然沒有秘密可言，就只有專業技能與經驗法則而已。

所以：請你在買這本書之前考慮一下，這本書不會讓你翻到一張圖片，就增加你對這個行業專業的認識，也不可能讓你看到標題就增加「一甲子」的功力，你真的想研究如何安心的委託裝修工程給人家，再買這本書吧!

7-1　從「專業」的角度分析設計與工程專業

不可否認：台灣很多人對「專業」的認知是跟證照有關，並且把證照的「專業」能力無限延伸。

認為「醫師」就是能治百病；但不知道醫師還有專業分科。

認為「會計師」就一定專精做帳；但不知道會計專業有很多專精領域。

認為「律師」就是伸張正義，能救受害人於水火；但不知道律師有專攻海洋商業法、專利法、刑事法、民事法。

認為「建築師」對所有的建築事務都是專業；但不是這樣。世界上很多國家對「建築師」只是一種稱謂，不像台灣具有法定資格。事實上；不論世界上任何國度，每個國家的建築師都只懂「建築設計」而已，不是所有跟營造有關的事物他都懂。

對於「建築」跟「營造」這兩個名詞，很少人可以清楚的把他分開，理論上也沒什麼好分的；但就實際生活層面而言，還是把話說清楚比較好。

「建築」這個辭彙在中國歷史上並不陌生；但一般用於「動詞」，通常都不是好話，例如：「把痛苦建築在別人身上」。營造一詞，則最少已經存在幾千年以上，他多數用在實際的土木工程的構築行為，用於動詞時，也比較是好的多，例如：「營造一個美好的氣氛」。

圖7-1-1　整修中的建築工地

圖7-1-2　美的建築可以營造出一種宜人的氣氛

圖7-1-3　這是一張木匠所設計的桌子

為什麼解釋這麼多建築與營造的關係？因為台灣人被一些法令給搞亂了，也被一些「藝術家」的假象給搞亂了。總認為「設計」就是「師」：老師、律師、技師，就法定位階而言，這好像是；但就實際專業而言，他不是必然的。

台灣在民國60年12月4日頒布現行的《建築法》，於是有了「建築師」這樣的法定技術人員。就《建築法》的精神，建築師的主要功能在於協助使用者執行建築法令。他的法定位階就好像律師於法院的關係，法院居於保護犯罪嫌疑人的法律權利，讓受審判的人有懂法律的專業人員幫忙辯護；但也明確規範其他非關係人沒有發言權力。

同樣的；建築師這種職務設計，其功能也相對於法令專業，可以讓行政窗口少面對一些不懂專業法令的民眾。不過；中華民國的很多法規都是經過「設計」的，都暗藏許多巧門，以利公務人員行政「方便」。也所以；不要以為考上「建築師」的建築師，就真的有能力執行建築法令。

《建築法》的主要功能在於規範「建築物」的營造行為與土地用途區分，例如：相關法令規定、土地使用區分、建蔽率、容積率、空地比、日照、通風、逃生避難、符合《建築技術規則》等。

建築師於建築管理的主要功能，是依據建築法規劃建築物工程圖說，幫使用人申辦相關建築執照，也就是建築物的新建、改建、修建、增建，最後的王牌就是建築物的使用執照。這個職務的設置初衷是認為每個國民都自己有塊地，都可以自己蓋房子，為了建築物的安全與都市景觀、土地管理等需求，可以有一個專業的人幫忙設計。但「集合住宅」的興起，改變了市場供需平衡，使得很多的建築師空有一張證照，但沒有業務可受委託。這很簡單：一處所謂的「造鎮」工程，動輒八百、一千戶，這只要一個建築師簽證即可，其他的七百九十九張證照用不到。而這些沒有業務的建築師就不得不自謀生路。

圖7-1-4　或者像幫你修建這樣的房子

最近的「生路」就是改行做室內裝修，但所謂隔行如隔山，學習的過程與領域不同，他所獲得的專業知識也不會一樣。

圖7-1-5　如果你購買的是這種集合住宅，就不用自己找建築師了

台灣大學有土木工程學系，在日據時代就設立了，到現在，他一直都被規劃在工學院。而台灣後來的建築系，卻被規劃在「設計學院」，從此，兩者的學習領域就分道揚鑣。簡單的分析這個不同：土木工程學系出身的多數朝土木技師、結構技師發展，而建築學系出身的，朝考上建築師發展。

從營造技術學習的土木技師或是結構技師，需學習工程施工工法與材料，於此做為設計標的。建築設計所著重的是法規與建築美學，很多的學習重點在符合法令需求，而營造需求不在學習的範疇之內。

7-2　所謂的「證牌」設計師

建築物室內裝修專業技術人員登記證

姓　　名：王乙芳
性　　別：男
出生日期：民國五十一年八月七日
身分證統一編號：
登記資格：專業設計、施工技術人員
登記證字號：內營室技字第40EC000115號
換發日期：民國一○一年十二月十四日
有效期限：專業設計技術人員資格至民國一○四年三月三十一日止
專業施工技術人員資格至民國一○四年三月三十一日止
備　　註：

上開申請人符合建築物室內裝修管理辦法第十八條或第二十一條規定資格，合行發給登記證以茲憑證

此證

內政部部長　李鴻源

中華民國一○一年十二月十四日

▌圖7-2-1　專業技術人員範本

從民國85年內政部頒布《建築物室內裝修管理辦法》開始，室內裝修開始進入專業管理的階段，這個時期，還沒有出現「證牌」設計師的名詞。民國93年，經過四次「內科手術」的新版《建築物室內裝修管理辦法》修訂後，要取得參加建築物室內裝修專業人員講習資格，須先取得勞委會乙級技術人員資格。

先不論把有關人民生命財產有關的專業工作，規劃成「勞動技術」是否合理，但依法要取得這張「乙級技術士」就不是一件簡單的事，只可惜，有沒有這張證照，跟專業能力與工作經驗完全無關。

民國85年頒布管理辦法之初，為了憲法中保護既有工作權利，對從事既有工作者，採從寬認定。也就是既有工作者，在符合一定的資格內，報名參與專業講習，給予專業資格，納入專業管理，稱之為「室內裝修專業技術人員」。

這段時期的「室內裝修專業技術人員」，其出身背景相當複雜，但無論如何，他都是已經生存於這個行業的工作者。

在《辦法》實施將屆十年之期，須有所謂「轉型正義」（也不知道這是誰主張的說法），於是修訂《命令》，而出現一個「室內裝修乙級技術士」。這個技術士分成為：建築物室內裝修設計、建築物室內裝修工程管理，兩個專業「工」種。

我必須在這裡先說明一個觀念，不然對不起同業。在我分析這張證照時，我對「匠」與「師」的界別有明確的概念；但不包含對工作的貴賤區分，這是必須先說明的。主要的區分是，匠師有別，但不是說誰的身分高低。

之所以內政部會修定建築法77條之2，主要原因在於民國83年左右一連串的公安事件。前後有卡爾登理容院、衛爾康餐廳、天龍三溫暖、論晴西餐廳等公共場所發生火災，每一次都是幾十條人命葬身火窟。為了平息民怨、為了找替死鬼，內政部一些不肖官員聯合一夥建築師，搞出了這所謂的《建築物室內裝修管理辦法》。

這個所謂的《建築物室內裝修管理辦法》，事實上根本解決不了上述所發生的公安事件，他一開始就淪落為一夥人斂財的工具而已；並且是違憲的法令。

理論上：一個為了公眾生命財產的法令，其出發點應該是「就事論事」，但卻是拿一個「命令」賺黑心錢。《建築物室內裝修管理辦法》第3條：

本辦法所稱室內裝修，指除壁紙、壁布、窗簾、家具、活動隔屏、地氈等之黏貼及擺設外之下列行爲：

一、固著於建築物構造體之天花板裝修。

二、內部牆面裝修。

三、高度超過地板面以上一點二公尺固定之隔屏或兼作櫥櫃使用之隔

圖7-2-2　如果天花板設計成這樣，相信會是很大的困擾

屏裝修。

四、分間牆變更。

相信：不要說非專業的一般民眾，連我們專業的人都搞不清楚這辦法裡面所謂「室內裝修」的定義。也就是說：搞了這麼久，原來《建築物室內裝修管理辦法》所管的就是分間牆、天花板、壁板，如此而已。

中華民國《憲法》第15條（生存權、工作權及財產權）：

人民之生存權、工作權及財產權，應予保障。

《中央法規標準法》：第5條左列事項應以法律定之：

一、憲法或法律有明文規定，應以法律定之者。
二、關於人民之權利、義務者。
三、關於國家各機關之組織者。
四、其他重要事項之應以法律定之者。

第六條　應以法律規定之事項，不得以命令定之。

也就是說，內政部的一紙「命令」，不可以違背憲法保障人民生命、財產的權利；但這裡面已經「偷偷的」讓人民多損失非法律應盡的義務。

《辦法》規定人民在進行裝修工程之前，依《辦法》中相關規範，需將所要進行的裝修工程設計圖說送審查。如果政府有設一個行政窗口，該送審就送審也沒什麼，但實際上是政府沒有專責單位，在《辦法》中就直接「明定」建築師公會代理審查。這一來：審查費用由代審單為自己定，所有在以前裝修工作不用付出的，現在就必須多付出一筆費用。

在《辦法》公告之後，內政部營建署將本業規範為「室內裝修業」，要取得這個裝修業的資格，公司必須聘任「建築物室內裝修設計專業技術人員」或「建築物室內裝修施工管理專業技術人員」，方得登記設立。也就有此規定，民國85年辦理專業技術人員培訓8,500人之後，停頓了近八年未再辦理，造成新進人員無法開設公司。也不知是誰想出來的，修改了「命令」之後，變成要受訓為「室內裝修專業技術人員」者，需先取得勞委會「裝修工程乙級技術士」證照，才具有參加培訓的資格。

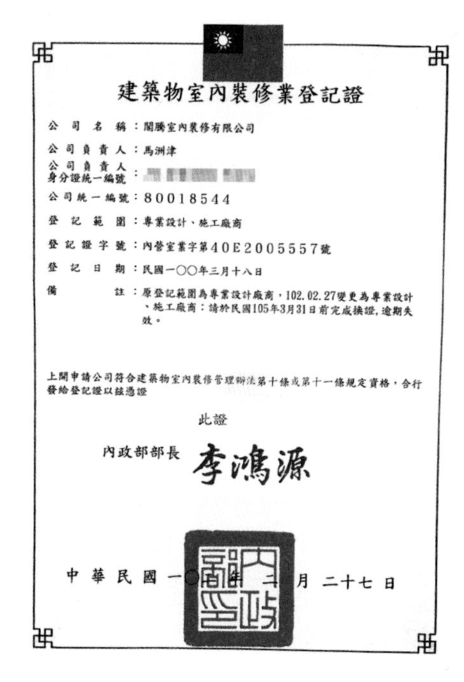

建築物室內裝修業登記證

公司名稱：閩騰室內裝修有限公司

公司負責人：馬洲津

公司負責人身分證統一編號：

公司統一編號：80018544

登記範圍：專業設計、施工廠商

登記證字號：內營室業字第40E2005557號

登記日期：民國一〇〇年三月十八日

備註：原登記範圍為專業設計廠商，102.02.27變更為專業設計、施工廠商：請於民國105年3月31日前完成換證，逾期失效。

上開申請公司符合建築物室內裝修管理辦法第十條或第十一條規定資格，合行發給登記證以茲憑證

此證

內政部部長 李鴻源

中華民國一〇[illegible]月二十七日

圖7-2-3　室內裝修業登記證（式樣）

如果這張「乙級技術士」的證照的取得，真能證明具有一定的專業能力，那也就算了，但事實並非如此。那是一個創造「補習就業」的機會。不論是民間補習班、職訓局、所謂的大學推廣教育單位，大舉招生，財源廣進，培訓的目的就是為了檢定證照；但證照不能證明就是專業。

這就是所謂的「證牌」設計師的由來，變成有乙級工匠證照的，看不起以前那些直接培訓的，但會變成「劣幣或良幣」，反而變成要由業主自行判斷。

7-3　合法「裝修業」與相關行業的專業程度

本業目前的主管機關為內政部，正確的行業分類為「室內裝修業」。

室內裝修業行業規模，其實是一種「次營造」的行為，他沒有營造廠的規模（以行樣規模定位而言，不是指業務規模）；但又不像是土木承包業單純的工程承攬。單純從內政部所管理的室內裝修業，還不能完全看出工作專業。所謂工作專業是指：「設計」及「施工管理」，不是說有這樣的證照就叫做專業，而是營業項目本身就有差別。

傳統的裝修工程公司，本身就區別為「設計公司」與「工程公司」，更多的是兩者合一。這也不能說這個行業很混亂，他是在一個急速工業革命所改變工作型態的傳統工藝，並且是一個高度交叉工藝與異業結合的新興行業。

說它是新興行業也不全然是；但從interior design這個英文名詞引進台灣，他就開始有點混亂了。在傳統的裝修行為上，他是被與建築營造一同施作的，在可能的情況下，裝修行為的再次發生，可能是「整修房舍」才會有可能發生。

圖7-3-1　在舊的建築物上，不能排斥新事物的產生

在新的建築法規、新的建築物營造方法、建築物使用的不確定性、建築物物權的變更頻繁、對居住品質的要求提升、新的建材，許許多多的原因，造成裝修行為必須在新建築時，先脫離於建築物的新建工程，而有了次營造行為。這些營造行為因使用需求的不同、因設計流行的趨勢、因施工技術、材料的改變，他同時也更動一些專業服務的提供。

從以前到現在：從事裝修工程及設計的人都一直存在著：但不一定需向內政部登記為「室內裝修業」的公司才叫做合法。民間的承攬行為，並不限定為「法人」，最少《民法》的債權篇就沒有這種說法。這裡要談的是在這個行業裡，真正具有專業承攬人的公司或自然人。

這必須分成設計專業與施工管理專業兩方面：

（一）設計專業

1. 建築師

就相關法令而言，不得不承認建築師具有合法的設計權力；但就實際的學習過程，建築學系對室內設計的專業學能並不完整。

國外的建築系如何教學內容不談；但台灣的建築學系，教學課程根本與室內設計有很大的差異。其中最重要的一點，因《建築法》的相關規定，對建築師的設計行為有很大的約束，這個約束就足以讓建築學科的人很難進入室內設計的專業領域。

舉例說明：建築設計是可以完全「天馬行空」，不用管施工技術、工程結構、建築材料，只要建築物「設計」能通過法規取得建照，建築物能不能住人都不是重點。

也因為建築師的養成只重視學習建築法令，對實際的營造行為專業學識不深，在轉換為室內設計的實際營造工程設計時，與室內設計專業會產生很多扞格的現像。

圖7-3-2　建築師的專業就是設計建築物

2. 土木技師

無疑的：這是目前通過考試院國家考試，最有資格做室內設計的人；但一般都做「大的」，很少來從事室內設計的工作。

土木技師給人的印象都是設計道路、橋梁，其實不只如此，舉凡與營造工程有關的建築物，都與土木技師有關。這樣講好了，我們住的房子，沒事就算了，一旦房屋漏水、地震龜裂、梁柱歪斜，你多數會找「土木技師公會」出面做鑑定但不會找建築師，這就是專業。

設計跟工程施工有連帶關係，一個只懂天馬行空、發揮創意，而不懂工程預算、材料與工程結構的人，不能算是專業的設計師。

3. 室內設計師

目前台灣還沒有這張證照的國家考試，所以說：台灣目前所有的室內設計「師」，都只是喊爽的；不管他在國外得過什麼大獎、待過什麼大公司，就算曾經設計過美國白宮的總統辦公室，在台灣就是無牌的，就只有「名」而已。

退而求其次，講現在存在的一些「接近」合法的，不然大家一定以為以前花的錢很冤枉；不然就以為我見不得人家好。

多數的公共工程標案，除上述技師資格外，一般只會規定「建築物室內裝修設計專業技術人員」這張證照。這是指依「法」的部分。而一般在坊間營業的「設計師」，他存在幾種面向：

圖7-3-3　很多樣品屋的設計靈感是這樣來的

(1) 具「建築物室內裝修設計專業技術人員」者

是通過內政部委託培訓單位培訓21小時，所取得的專業資格。以此證照才得以向內政部掛牌為「室內裝修業」的專業技術人員。

(2) 具勞委會室內裝修乙級技術士者

具有此一資格，才能參加內政部委託培訓單位培訓21小時，取得室內裝修業的專業技術人員資格。

以上兩種「證照」，我只在這裡說明他們所代表的合法性，不證明他所具備的專業職能。

(3) 老牌設計師

台灣有「室內設計師」這名詞，約從民國60年代才開始，而復興美工科尚未開辦室內設計課程。所以在這個年代以前，台灣所存在的室內設計師，除了在國外修業，沒有所謂科班出身的。

早期的設計師出身，多數跟美術有關；也跟畫圖有關。在室內設計觀念萌芽之初，比較具有美學概念的設計工作者，很多都是從國外轉回國內；最少，也是有能力花錢買機票出國看看外面的世界。那個時期，只要畫一些現代一點的造型，就足以讓業主驚為天人了。

但有一點必須要肯定這時期的設計工作者，這時期的裝修工程還處在一種營造工程的轉型階段，所以很多的設計製圖有一定的規制。又因此時的裝修材料還處在很傳統的市場，裝修製圖反而比現在嚴謹（比較容易標註）。

也因為有這些老牌設計師的努力，台灣開始有專業裝修雜誌的出現，並開始讓室內設計的概念慢慢導入台灣人觀念中。（這些所謂的「老牌設計師」，最年輕的定義都是70歲以上，不是我要介紹的範圍，只是給讀者從頭開始了解台灣室內設計工作者的起源與現況）這些老牌工作者，也是後來台灣成立中華民國室內設計協會的發起人，也是台灣發展室內設計的一個里程碑。

(4) CSID會員

中華民國室內設計協會於1979年5月5日在台北圓山大飯店成立，英文名稱為Chinese Society of Interior Designers；簡稱CSID。CSID的組成是比照外國專業社團的組織概念而成型。

在很多國家，對專業的認定，不是由政府考試掛保證。而是由專業團體組織專業機構，就專業職能，認定專業會員資格。CSID在組織章程中，就很明確的規範了會員的入會資格。也許會員送審的資料有「手腳」，那是會員自己的人格與法律問題，就會員入會審查規定而言，這是一個專業團體很重要的專業規範。

在組織章程「第三章會員」中的規定如下：

第六條

本會之會員分下列三種：

1. 個人會員

(1) 碩士以上資歷或大專院校講師資格者，有一年以上實際工作經驗者。

(2) 大學院校室內設計系或相關科系畢業（四年制）具有學位，有兩年以上實際工作經驗者。

(3) 大專二年院校室內設計系或相關科系畢業，有四年以上實際工作經驗者。

(4) 短期專科一年院校室內設計系或相關科系畢業，有五年以上實際工作經驗者。

(5) 高中、職相關科系畢業，具有八年以上室內設計實際工作經驗者。

(6) 凡職業年資未滿以上標準者，得列為準會員，準會員年資得視為工作年資。

入會之申請，除榮譽會員外，須先填寫入會申請書，個人會員並應檢附室內設計作品及學歷證件，經本會理事會審查通過並繳納會費後始准予入會。

個人會員作品審查資料為：入會資格基本資料、作品平面圖、立面圖二張、完工照片二張（需與施工立面圖面向相同）。這是對會員工作專業的基本認定，看似簡單，但就是有很多人資格審查不通過。（作者曾任該會評鑑

委員會主任委員，確實看過很多不合專業規範的設計圖說）

在CSID創立的初期，因為那是台灣唯一就會員專業審查的機構，入會門檻有一定的水準，所以讓很同業工作者以入會為榮。並因當時倡議創會者皆為當時台灣業界菁英，也讓CSID一開始就建立起一定的專業形象。

今天大家還看到的《室內》雜誌，其實創刊時是以中華民國室內設計協會為發行人的，因一次選舉而改變。也因歷任理事長個人行事風格迥異，理監事各懷鬼胎。原本的專業審查，後來淪為一種形式，讓後來的CSID會員的專業形象不能與早期相提並論。

(5)知名設計師

所謂「知名」設計師，是指經由傳媒報導、在媒體發表過設計作品的設計師，其中有政商人脈關係好的，也確有的是有真才實學的。有真才實學的設計師，就會有一定的業務量，也會有一定的接案門檻，他就不容易幫太普通的案件服務。

設計師靠口碑出名的不多，也許有；但真的不多。在出名的過程上，大致有以下幾種方式：

①參加國際設計大獎，具有一定歷史與專業的比賽得獎，經由媒體傳播，然後再由自己包裝宣傳。

②獲得任何的「獎」，然後再自己包裝宣傳。

③有人捧：設計界跟藝能界差不多，只要有人捧，捧上電視、廣播、座談會、論壇、學校當個老師，只要能留下紀錄的，都可以再自己包裝宣傳。

圖7-3-4　多數上雜誌報導的設計作品，會以豪華作為訴求

④發表作品：從早期的《美化家庭》開始，有很多設計師爭取被肯定為「設計師」的入門資格：就是在雜誌上發表作品。後來的相關雜誌出版的非常多，不一定會審查作品的設計創意及專業，有些雜誌只要花錢買廣告，就能發表作品。

⑤上電視：目前台灣有關室內裝修的電視節目，還找不到是為了討論專業設計與專業施工而開設的。只要仔細看，很多電視節目裡所介紹的設計，他的風格幾乎都是「混搭風」，也就是沒什麼設計風格可言。

多數電視節目幫設計師發表作品，很少有不收費的，說穿了：就是商業包裝的行銷手法。

⑥商業同業公會的設計師：裝修商業同業公會是依據《公司法》與《商業法》而成立的社團法人。裝修商業同業公會的會員代表與所有的商業同業公會的代表相同，就是在經濟部登記公司法人之後，依法由公司所推派去參加商業同業公會的公司代表人。這個代表人不限定是公司的負責人或是專業人士，並且：所謂裝修商業同業公會的會員，只要公司營業項目跟裝修有關即可，包含賣建築材料的、賣家具的、貼壁紙、做窗簾的。

⑦科班出身的：所謂「科班」出身的定義，不能只狹義的限定為「室內設計系」，這個家族就很龐大了；但也不必太認真。

在台灣還沒有大學設立室內設計系之前，最早開設室內設計課程的學校是永和私立復興商工美工科。當時的室內設計課其實就是工程製圖。但必須說明一點：美術工藝科本身在美

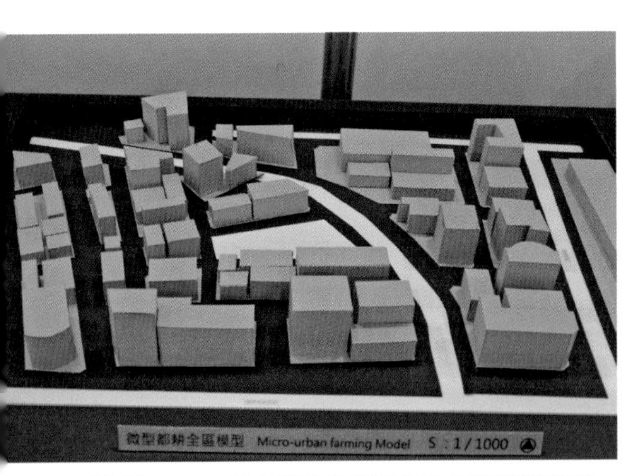

圖7-3-5　室內設計系竟然都是在做建築模型，而且都是大型的填海造鎮計畫，但名牌上，都更的更寫成「耕」，老師也不指導一下

術、美學與工藝史上面就有專門課程，其所缺乏的就是工程實務教學。

後來大學的室內設計系因為教學課程方向一直無法脫離建築領域，課程設計遷就既有建築師資。在課程導向無法形成自我專業之下，很多大學的室內設計系其實都還是換湯不換藥的教建築系的課程。在錯誤的課程設計之下，營建法規讀了一半、美術工藝實做不出作品、工程製圖不教施工法、材料學，很多學生終其大學四年，只學過做「紙紮屋」，並且是可能連燒給往生者都不夠格的一堆模型。

在這個行業所謂的科班出身，還不只上面兩個血統較純的，舉凡如：空間設計系、環境設計系、環境藝術、裝飾藝術……，光現有27所有開辦相關系所名稱的大學，系所名稱就不一樣。最可憐的是，104年新竹有一所大學開辦「裝修設計系」，招不到學生，而他的名稱比「室內」還正確一點。這好像有點像你把滑稽唸成「ㄏㄨㄚˊ」稽，反而比唸成「ㄍㄨˇ」稽正確。

⑧專家、學者：記得《螢窗小語》的作者劉墉有一次在演講前講了一個故事：有一個國王叫人牽來一頭大象，然後叫幾個瞎子摸象。瞎子們摸了一陣子之後，國王問這些瞎子說：「來！你們跟我說：大象是長什麼樣子？」這個故事大家都耳熟能詳了，就不再重訴那段對話，而是當劉墉講完這段對話，他問現場聽衆說：「大家認為這些瞎子的答案有什麼感覺？」其中一位來賓回說：「他們都是專家。」

劉墉一聽，哈哈大笑的說；「對！他們都是專家，所以，我很怕人說我是專家。」

要解釋「專家、學者」的定義，必須引出許多文章來佐證，我不是要寫論文，你也未必想看，所以不必講得那麼學術。這裡要講的專家、學者，都跟室內設計師的專業有關，也就是，有一些不論本業職能足或不足的人，為了讓專業形象能更讓客人信服，一定會掛出一堆專家、學者的頭銜，來取信於顧客。

4.「老師」

現在台灣社會：「老師」這個名詞有點浮濫應用，這讓現在的老師，跟我們四十年前那個時代老師的定義與價值性變得不一樣。現在人被尊稱「老師」真的很容易；在學校掛個名的、在補習班教過書的、教做蔥油餅的、跳瑜珈的、吹喇叭的、得過莫名其妙的獎項的、教拼布的、教資源回收的……，好像能被傳播的人，就會被尊稱為「老師」。

師者；學有專精、能傳道、授業、解惑也。

要說那些專家被尊稱老師有點不妥，又好像跟學術理論不牴觸，但就是怪怪的。可能就是這種怪怪的感覺吧！正好用來做生意。很多人遇到對方是「老師」就會禮遇三分，那種不尊師重道的人畢竟是少數，所以；談生意之前，讓對方知道自己有「老師」的身分，是有點作用的。

在從事室內裝修設計這個行業裡面，很多人有「老師」的身分，並且是某方面的「專家」，但也只是某方面。這部分人有；對照明專業的、對堪輿專業的、對擺設專業的、對景觀專業的、高學歷的……。也許有些人除了既有室內裝修設計的專業外，尚有其他技能，這是最好的，就是怕有些人只是具有其他專業，而兼任室內設計的工作。

圖7-3-6　不能否認，還是有一些絕對專業的好老師

在全台設有相關科系的學校，聘任的師資不可計數，我必須說，他不代表就是專業的室內設計人。在聘任的管道上，有很多人事糾葛，因學

歷、因拉幫結派、因親屬故舊，可能所在都有；但是因為增進教學專業的目的的，不是很多。

5. 系統家具、家具規劃員

系統家具在室內裝修設計領域當中，與實務專業尚有一段差距，都是以規劃「廠辦」及推銷整體居家櫥櫃為業務。

所謂系統家具，主要是以模矩化規劃量製櫥櫃為主體，因利潤高、設計簡單、施工容易，所以吸引許多剛入行的人從事本業。在實際設計專業行為上，系統行業的設計人員因對材料的利用所知有其限制，在很多客製化、裝修造型的設計上，與實務專業會有所落差。

台灣的很多家具行會打出「免費設計」的廣告，其實多數只針對住家做平面規劃，主要的設計重點就是把自己賣的家具塞在業主的家裡面，以拓展業務量。再進入更複雜的整體裝修工程施工，其規劃能力與施工管理能力就會有一定的不足，這也是造成很多人誤會「專業」的一部分。

圖7-3-7　圖上的集成角材裝釘錯誤，但有些外行的設計師是不懂的

從這裡可以看出目前存在社會上「黑心設計師」的一些問題，很多業主為了撿便宜、也可能為了買家具，順便「ㄠ」免費設計，及附帶「幫忙」作一些天花板、隔屏、地板、電視牆；甚至改裝一間浴室之類的工程，這就是造成把主工程委託給次工程的結果。

在可能採購家具是裝修預算三成的情況下，為了能幫這三成的工程預算討價還價，然後把主要七成的主裝修工程委託給系統家具或家具行業者，這很少有好結果的。

在很多人眼裡（包含非專業的設計人員），都會以為上面所講的那些「附帶幫忙」的工作是小工程，這是錯誤的想法，裝修工程不會有小工程；除非你只是換一個門鎖、換個燈泡，但那不算是裝修工程。

6. **個人工作室**

很多室內設計工作者的業務量不一定達到開設公司的程度，又可能因個人的工作形態；但也可能隱藏一些不肖業者。也先不論相關稅務問題，這個行業存在這種自然人的工程承攬人很多，自然人同樣具有承攬工程標的的權利，工程設計的委任亦同，他並不會因是以自然人的人格簽約而使合約無效。

所謂「龍生九子、種種有別」，人吃五穀雜糧，心肝也當然有別。個人工作室的定義很廣，不見得就沒有公司營業登記；也不見得就真的只是一個人工作而已。這裡之所以介紹個人工作室的性質，是想把這個行業除了法人機構外，其它還實際存在營業工作行為的現況介紹出來。

在所謂個人工作室的設計工作型態可能有：

(1) 藝術工作型態者：有些人把裝修設計當作一種藝術而工作，這類人的創意能力有時真的無可限量；但有些人對裝修專業會有太理想化的傾向，在裝修設計專業的部分，可能會離實際專業太遠。

圖7-3-8　很多的藝術創作者，會從家具設計入門

當然：不能否認有些人不僅有藝術天分，一樣有工程專業的常識。

(2) 小資經營者：經營裝修工程公司並不是不用資本的，一定的營運規模，就會付出相對的營運成本。對有些想獨立創業的人而言，一開始就成立一家公司可能風險很大，而先以自然人人格承攬工程項目，是這個行業很多初創業的一種途徑與步驟。

(3) 營營苟且者：有些人的名片一樣會印著「××設計公司」的公司字樣，他是不是真的有公司登記，這在經濟部的網站很容易查得出來。

在所謂的「營營、苟且」者，就是防不勝防的狡詐之徒，並非指所有經營個人工作室的人都是不好的。通常是你上網查不到的、同業不認識的、連絡方式與時間太詭祕的，有可能都不是正常的專業人士。

（二）施工專業

裝修工程的施工專業程度是需依據工程屬性專業與工程規模而定，這裡所謂的「施工專業」，是指工程專業承攬的施工管理能力，而非個人技術的優劣。

裝修工程的承攬規模與一般的建築營造是有差異的，土木營造工程的承攬能力會受《營造廠法》所限制，所以，其承攬規模由其「級數」很容易看得出來。但裝修工程並沒有這樣的限制，部分公共工程招標限制公司資本額，其實有些是限制標，資本額不代表工程規模的承攬能力。

在工程承攬的專業導向上，有些是資金密集的工程導向，例如百貨公司、大型旅館工程；有些是工程專業導向，例如科技廠辦的隔間、輕鋼架、百貨專櫃，有些則是人際關係導向，例如特種行業。

工程的施工專業其實是「生產線」式的經驗與修正，有施工經驗的，一定比沒有施工經驗做的好又快。但就技能專業而言，一個具有工程承攬專業的施工管理人，任何裝修工程都有能力承攬與施工管理的，只是；因經驗值的差異，會影響對工程估算的判斷。

簡單的舉個例子：在大街小巷隨處可見的便利商店，他的裝修工程就有一套完整的作業流程。可能依據地域關係，而劃分不同的承攬人，其工程估算也建立一套完整的計價標準。所以；不論多麼能力再好的施工管理人，在沒有公司肆意配合的情況下，工程是無法正確估算的；況且，有些材料的來

圖7-3-9　鋼骨結構工程屬專業營造業，不可承攬裝修工程　照片提供／森城建設

源根本就是控制在業主的手裡。

既有存在的裝修工程承攬型態大約有以下情形：

1. 營造廠

依據《營造業法》規定，營造廠分為甲、乙、丙三個等級，其級數升等是依據公司規模及年度工程營運實績而考核。除了既有的三個等級之外，早期還有所謂的「特甲級」，這些特甲級的營造廠絕大多數都是承攬國家的偉大工程，不太可能跟裝修工程扯上邊。

營造廠的分類可分為：

第三條　本法用語定義如下：

一、營繕工程：係指土木、建築工程及其相關業務。

二、營造業：係指經向中央或直轄市、縣（市）主管機關辦理許可、登記，承攬營繕工程之廠商。

三、綜合營造業：係指經向中央主管機關辦理許可、登記，綜理營繕工程施工及管理等整體性工作之廠商。

四、專業營造業：係指經向中央主管機關辦理許可、登記，從事專業工程之廠商。

五、土木包工業：係指經向直轄市、縣（市）主管機關辦理許可、登記，在當地或毗鄰地區承攬小型綜合營繕工程之廠商。

六、統包：係指基於工程特性，將工程規劃、設計、施工及安裝等部分或全部合併辦理招標。

七、聯合承攬：係指二家以上之綜合營造業共同承攬同一工程之契約行為。

八、負責人：在無限公司、兩合公司係指代表公司之股東；在有限公司、股份有限公司係指代表公司之董事；在獨資組織係指出資人或其法定代理人；在合夥組織係指執行業務之合夥人；公司或商號之經理人，在執行職務範圍內，亦為負責人。

九、專任工程人員：係指受聘於營造業之技師或建築師，擔任其所承攬工程之施工技術指導及施工安全之人員。

圖7-3-10　模板工程　照片提供／森城建設

十、工地主任：係指受聘於營造業，擔任其所承攬工程之工地事務及施工管理之人員。

十一、技術士：係指領有建築工程管理技術士證或其他土木、建築相關技術士證人員。

第六條　營造業分綜合營造業、專業營造業及土木包工業。

圖7-3-11　園林景觀屬專業營造業，不屬於裝修業

第八條　專業營造業登記之專業工程項目如下：

一、鋼構工程。

二、擋土支撐及土方工程。

三、基礎工程。

四、施工塔架吊裝及模版工程。

五、預拌混凝土工程。

六、營建鑽探工程。

七、地下管線工程。

八、帷幕牆工程。

九、庭園、景觀工程。

十、環境保護工程。

十一、防水工程。

十二、其他經中央主管機關會同目的事業主管機關增訂或變更，並公告之項目。

圖7-3-12　就工程規模與技術，大型營造業的分工更細膩　照片提供／森城建設

從引文的法規當中，可以很清楚看到營造業簡單的可以分為綜合營造業、專業營造業及土木包工業；其中的綜合營造業，就是合法的室內裝修工程的承攬人之一。而依據法規的規定，在業務承攬上還是有專業上的差別，就《營造業法》的定義：

第三條　本法用語定義如下：

六、統包：係指基於工程特性，將工程規劃、設計、施工及安裝等部分或全部合併辦理招標。

多數人都會以為「統包」只是指工程的承攬，在法的定義上，他是指工程設計與工程承攬一同發包的意思。事實上：「室內裝修」工程的委任，其形態就是偏重於「統包」的業務型態。法的規範多數在於釐清行政人員可依法執行法令，就「命令」不得牴觸「法律」的立法精神，《營造業法》在法令的適用上是高於《建築物室內裝修管理辦法》的。

在現實生活中，營造廠不見得就不會承接室內裝修業務，需看工程的規模與性質。在施工專業上，營造技術偏重於「土木」的大型營建工程，施工技術的發展趨於專業分工。在複雜又細膩的裝修工程施工技術上，營造業的工法與對施工品質的精細度，會與專業的裝修工程承攬有一定技術差異。

2. 土木承包業

土木承包業在營造業法中，只具有工程承攬的資格，就現有法令去解讀，以《建築物室內裝修管理辦法》中所定的「專業技術人員」標準，土木承包業不僅在室內裝修工程上有承攬的適法性問題，在工程設計上是根本不可以承接的。

在不涉及「室內裝修業」的法令規定外，正統的土木包工業，在部分的裝修工程施工行為專業上，是有能力的；但全面性的專業施工管理能力，仍需看其工程施工實績而定。

3. **室內裝修業**

依據《建築物室內裝修管理辦法》第4條：

本辦法所稱室內裝修從業者，指開業建築師、營造業及室內裝修業。

第5條：

室內裝修從業者業務範圍如下：

一、依法登記開業之建築師得從事室內裝修設計業務。

二、依法登記開業之營造業得從事室內裝修施工業務。

三、室內裝修業得從事室內裝修設計或施工之業務。

第10條：

室內裝修業應於辦理公司或商業登記後，檢附下列文件，向內政部申請室內裝修業登記許可並領得登記證，未領得登記證者，不得執行室內裝修業務：

一、申請書。

二、公司或商業登記證明文件。

三、專業技術人員登記證。

室內裝修業變更登記事項時，應申請換發登記證。

讀者對於這個《辦法》需有一個大概的認識，在《中央法規標準法》第3條：

各機關發布之命令，得依其性質，稱規程、規則、細則、辦法、綱要、標準或準則。

所以，目前這個《辦法》還只是內政部的一紙《命令》文件，但實際上卻涉及「人民生命、財產」之變更。因為是命令層級的文件，所以在《辦法》中有一些用語很模糊。

因為是《命令》等級的法令，所以不能牴觸高階法律，因此，不可能禁止人民依法向經濟部申請裝修、裝潢、裝飾……等相關行業的公司申請。這讓坊間一樣存在很多非「室內裝修業」的裝修公司，在不涉及內政部管理的室內裝修業時，他一樣是一間合法的裝修業者。

所謂的「室內裝修業」，在專業施工管理部分，必須向內政部登記「建築物室內裝修施工管理專業技術人員」，才能具有合法的（該辦法）室內裝修業專業施工管理；但不代表在實務上就真的代表具有專業能力。

只能跟消費者分析一點，最少，現階段要取得那張專業證書；被搞得越來越不容易，所以；最起碼，有那張證照，也算是登記有案，也許會比較顧慮自己的信用問題；但，比那張證照更有社會地位、公信力，而作奸犯科的，所在都有，那不是專業或良心的保證。

4. 包商（裝修工程承攬）

包商這個字眼其實不適合用在本業的工程承攬上，只是就傳統上裝修工程的承攬習慣，用一個市場常出現的慣用名詞做一個介紹。

裝修工程的委託，自古以來分成幾種方式：

(1) 點工點料

在舊時代，營建房舍，通常會找一位「大匠」，由這位大匠糾集所需工匠施作。依據工匠等級，按工給付工資，大匠則另以約定成數給付報酬。材料則由大匠「如數」報給業主，由業主自行採購。這是點工而不包料的方式，材料成本完全由業主自行負責。

早時的工匠技術等級劃分清楚、功限進度明白，較少有所謂「怠工」的爭議發生。現今的工匠，好的有；拐瓜劣棗的更多，所以，裝修工程直接跟業主點工的方式（另約定抽成），很少有好結果的。

點工、點料的施作方式，目前還存在一些設計公司在工程的發包管理上，多數發生在木作工程。主要原因是；設計圖紙不完整，無法實質對工程完整估算，也有可能是現今工匠短缺，缺乏有經驗的工程承攬人，不敢做工程承攬的工作。這在有經驗的裝修公司在施工管理上都是一種風險，業主最好不要做這樣的工程發包行為，其中還涉及勞雇的法律問題。

(2) **點工、材料實報實銷**

裝修工程的材料數量可以由施工數量計算出一個很接近的成數；但原則是施工管理人有確實的實務經驗。

材料的報銷方面，數量是有依據的，所以不容易灌水；前提是工程之施作時，不能以錯誤施工，做為損料的藉口。在材料單價部分，有一定的市場行情，但同時也包含商業道德的利益在裡面。簡單的說；如果市場行情是十塊錢的物價，業主能找得到八塊錢的，他的材料單價就是八塊錢；但廠牌、品質，都由業主自行負責。但如果市場行情十塊錢，而工頭能找到八塊錢的同廠牌、同級品，那不能怪人家賺那個價差；畢竟，經驗與人際關係本來就是拿來賺錢的。

圖7-3-13 工地的專業管理對工程進度有一定的影響

點工的裝修工程只能出現在小項的整修工程，最好不要是完整的裝修工程。既然是用點工計算勞務報酬，那就有工數的問題，也會有「功限」

的問題。如果你請人家找工匠幫你做工程，你整天盯在工地（或者你有空，最好也是），但你卻整天計較這個工匠一天拉幾次大便，那個工匠動作慢了點，哪個工匠哪天遲到五分鐘。這在工程結算時，你跟那個「工頭」，應該不會有「以後」了。

結論是：時代不同，人心更不同，包含工頭跟業主的人心，所以，最好不要用這方式發包裝修工程。

(3) 工程承攬

工程的發包方式可分為發大包與小包，所謂發大包：是指將所有工程為一個標的發包，所謂「小包」，是指工程中可以單獨分出工種，而獨立發包的工程項目。

發小包與工程分包的定義是不一樣的，小包的定義，例如：地板工程為木作的一個施工項目，但可獨立施工。將地板工程獨立出木做工程發包，這個發包行為稱之為發小包。

在整個裝修工程的總項內，可能分為木作、泥作、油漆等工程時，相對於這總項工程，把這些作種單項分包，也算是一種發小包的工程。簡單的說：當所有工程介面不是由一個統一承攬人承攬而施工管理時，其他的施工行為都是一種發小包的工程發包行為。

工程分包的行為在工程發包上是常見的，他有不同的定義。

當裝修公司承攬一項總包工程時，會將不同作種的工程依據專業而另行發包，但由承攬人統籌工程施工管理的責任。這樣的單項工程發包行為，是將所承攬的工程做專業分包的動作，但實際的施工管理，他只是一種分發小包的行為。

當將承攬的整個工程：或是承攬的單項工程直接再轉發包給第二手的人承接，這種行為叫「轉包」，這在工程管理專業上是一種不被認同的做法。無論如何，工程沒有「轉包」的理由，當你發現你委任的工程被轉包，最好的處理方法就是終止工程合約。而掌握這個終止合約的有利權力，就是在工程合約上載明工程不得發生「轉包」行為；及「轉包」行為的認定標準，並且訂立罰則。

裝修工程在這些所謂發包的程序上，其糾紛不可勝數，他最少隱藏了幾種工程危害的可能性：

①降低施工成本：這裡所謂「降低」；是指工程經過轉包，再接手的人，他的工程承攬值相對降低。在工程規模的量體不可改變的情況下，只能就「質」做改變以降低施工成本。

②工程訊息溝通不良：工程發生轉包，本來就是一件不合法的動作，通常，將工程轉包給第三方的人，為了掩飾工程轉包的行為，仍然會在工程進行當中充當「承攬人」的溝通角色。其目的主要是想在這當中順利獲取工程轉包的利益，在一些縱向溝通的訊息傳達上，有可能只選擇有力的訊息傳達，而造成接手的第三人，無法掌握最新的工程資訊。

③工程施工介面無法整合：通常接手「轉包」工程的人，無法與業主或是第一手發包人做為溝通管道，並且在工程管理的權限上也不明確，所以在工程的施工介面上，不能有效掌握，橫向聯繫不順暢；或者因「身分」不明，無法有效聯繫。

④拿到錢後的態度不一樣：通常會將工程轉包的情形大致有：

圖7-3-14 專業工程在裝修業而言，如同專業營造廠，不具備綜合營造能力

A.承攬人本身不具備施工能力，包含設備、技術與工匠。

B.根本只是一種仲介角色，這種人常出現在幾種職業：房屋仲介、風水師、建材業務人員。賣家具的等。

C.利用既有人脈承攬工程，但只存心將工程轉包賺取價差。

D.相關業者，因承攬次工程，而兼承攬主工程，本身對主工程沒有管理與施工能力，只好將工程完全轉包。例如：裝修工程的主項目還是在裝修、裝飾、裝潢，但因單項工程量大，如輕鋼架工程。可能發生輕鋼架業主承攬大包，然後將輕鋼架之外的工程轉包給另一個業者。

5. 業主當工頭的心態

就本業的行業慣例與工作型態，業主將工程做為「大包」發包，還是現階段最有利的方式。但前提是：發包工程需有明確的工程圖說，這有利於工程估算、編列估價單。照圖施工、照圖驗收。

有關工程發包的概念，在此講一個實際的案例：

那是在頭份一個透天厝的小型裝修工程，業主的女兒透過同事介紹找到設計公司。設計公司因是舊客戶所介紹，所以就先幫忙做平面配置，並依據業主需求做工程估價編列。

工程項目與數量都很少，在工程承攬上，這種透天厝；並且業主還居住在裡面的工程，其實是很不好施作的。六、七十萬的工程，涵蓋三個樓面，動用的作種有拆除、泥作、水電、木作、油漆、吊掛作業、鐵工、門窗等。

工程報價時，業主先不管平面配置是否與自己需求相同，只是見估價單編列「太」詳盡，就不客氣的說：「一點點東西，估這麼細，不合理。」當然；那個態度很難用文字形容。講完這句話，隨後自動再補充：「我妹婿就是做木工的、我弟弟就是水電的，師傅我都有，其實我只缺一個泥作而已。」聽到這裡，設計公司的人只能回答他：「我公司編列工程估價單有我公司的作業標準，你不能接受，大家買賣不成仁義在，你當初只想找一個泥作，就不該請我們來做設計規劃，你上次就該把這句話講清楚。」

任何行業都有他的營運規模，不要跑進去「東方文華」的餐廳，嫌人家的餐點賣太貴。你跑進去西餐廳點魯肉飯，是強人所難，不是人家服務不好。

圖7-3-15　這個裝修工程的防水是業主自己發包，花了很多冤枉錢

在我講的這個案例當中，這種小案子，因是老客戶介紹，因是「小」工程，設計公司居於「服務」的態度，會簡化工作流程，所以才會在未簽定設計委任前就去丈量工地、完成平面配置與工程估算編列。業主對於這種特別的服務不懂感謝也就算了，一見面只關心報價多少，估價單編列太細，其心態就只是為了討小便宜、打迷糊仗。

無論工程大小，工程估價單一定是越細越好，這才有利於工程驗收，減少工程糾紛。案例中這位業主的說法，只是以為「項目」越少，錢就會越少，也有利於討便宜。

這真的不是正確的想法，在很多不專業或居心不良的承攬人，估價單不只「簡單」，還會故意漏列施工項目，敢居心不良，就敢作居心不良的事，遇到這樣的人，討到便宜的人，很少會是業主。真正的專業，不會跟你打迷糊仗。

6. 所謂「室內工程整合」

這個名詞是最近出現的一個名詞，主要了解其背景成因，其實就是趁現階段出現太多沒有工程施工能力新進設計師的業務，一種變相的工程承攬工作。

室內裝修工程管理，其本身就是一種室內工程整合的工作，但工作性質不應該出現這樣「仲介」性質的管理介面，而是本身就應該具備工程整合、工程介面管理、工程發包、工程施工管理的專業能力。

裝修工程有一定的施工成本，不可能做這樣無限制的層層轉手，這些轉手過程就一定產生不合理的管理成本，如此一定壓縮工程的發包成本。所以，當一個公司承攬一個裝修工程，而沒有能力專業發包，並執行施工專業管理。在承攬估價上，一定會產生很多不必要與不合理的工程成本。這些成本在正常情況下是不應該產生的，當出現這樣的成本，一定會降低工程品質，因為很多的成本轉嫁在「仲介」費用上。

這樣的公司型態能在市場存活多久不知道，但可以肯定一點的是，裝修工程這樣一手一手的轉手承攬，簡直是在開玩笑。

捌、如何避免室內裝修工程糾紛的發生

室內設計發展60年以上的歷史，但要業主尊重設計專業，付給該給的設計費，拿到一份完整的設計圖說，然後據此招標、發包，很多人都做不到。與此同時；因為業主對設計專業的不尊重，因而造成設計人員對學習標準設計圖說的漠視，也對一些工程標準發包的程序產生疏漏。

就工程委任的精神而言，如果是專業的一方未盡告知的義務，當發生專業責任時，承攬方可能需負專業責任。但如果承攬方已盡告知責任，而可能是委任方為了便宜行事、越避規費、心懷不軌，那造成的法律責任就看法官判定了。

很多事能走法律途徑還算是好的，就怕走不到那一步。

從事這個工作凡30幾年，我看過很多的工程糾紛，業主跟設計公司的、業主跟委任方的、受委任方與工程包商的。這些糾紛的產生，除了遇到不專業、居心不良的業者外，多數是因為「沒有事先把話說清楚」。

一個裝修工程的施作，我建議在開工前做好以下這些基本工作：

8-1　完整的設計圖說

（一）施工設計圖

設計圖面是溝通工程造作流程最好的媒介，也是表達創意、造型、規格、材料、工法……等工作要項最方便的平台，他可以讓施工作業更為順利。

施作工程最怕的是對造作標的的不確認，也就是一個作件無法在施工前完整的確認規格尺寸、材質與造作工法等，這不但會讓工程的估價困難，也會影響正常的施工進度，進而可能影響工程成本。

最好的狀況是在工程發包階段，設計圖就是整份是完整的，也是被確認的。但有些簡易的工程；如廠房辦公室的隔間、明架天花板等不具有造型及

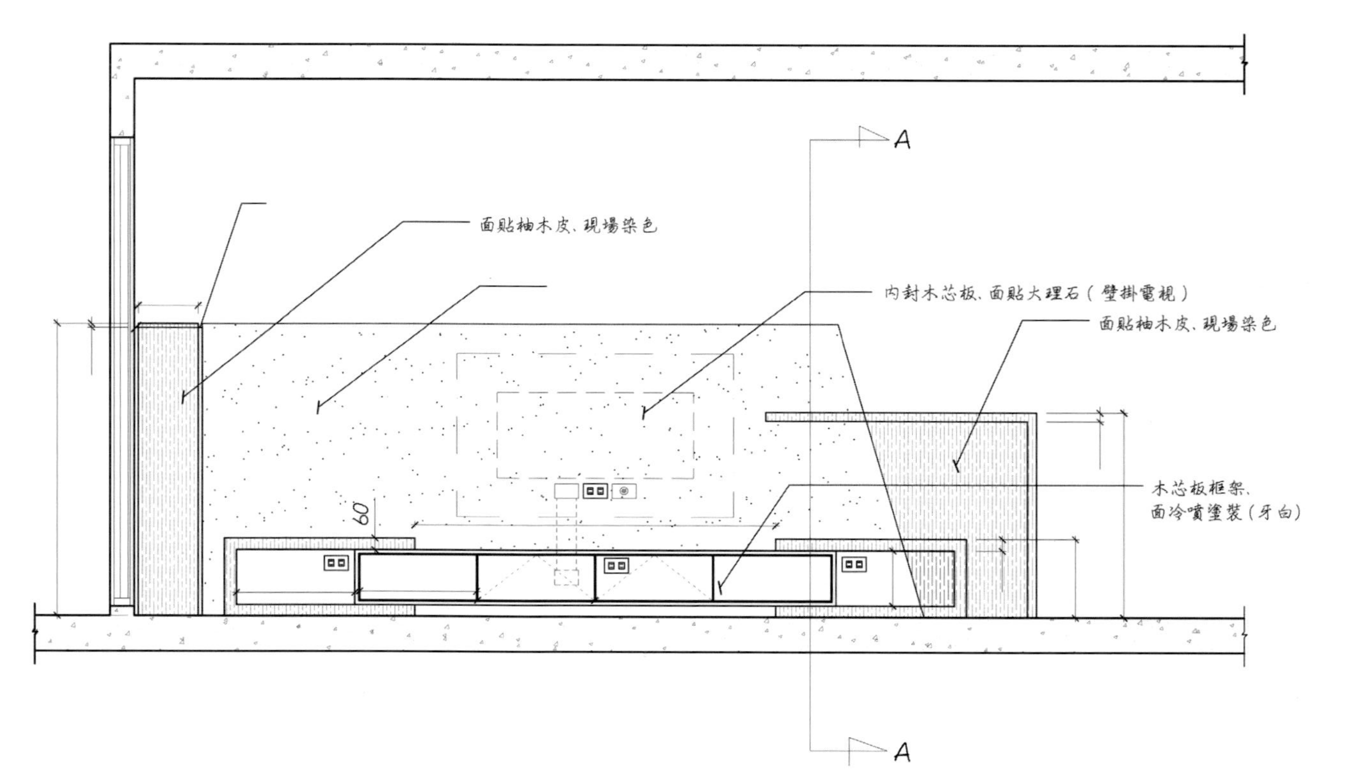

圖8-1-1 施工立面圖，盡量能做完整的工法與材料標示

材料工法可在估價單上標註的工程，他通常用一張平面配置圖就能完整說明施工概要，這樣的工程並不一定會出現一些施工立面圖。

所謂整份完整的施工圖是指：平面配置圖、設備圖、管路圖、立、剖面圖、大樣圖、敷面計畫、材料表。這些圖面應將規格尺寸、材料、工法記載完整，不要出現如；材質另定、施工前應提送樣板供設計單位同意、型號另定、色另定……等；會造成工程無法有效準確估算的說明文字。

在裝修工程的材料當中，顏色不同，材料及造作成本也會不同；或材質不同也會影響材料及造作成本。裝修工程的估算是依據圖面實際設計為準則，所謂「按圖施工」，是這張設計圖能被作為工程估算的依據，進而作為工程施工的標準，這當中並沒有「施工前應提送樣板供設計單位同意」的空間，這是建築設計與室內設計最大的不同點。

裝修設計單位可以同時為工程承攬單位，裝修公司的定位比較接近於「營造廠」的性質，在營造業法裡，「統包」可包含設計及施工，但同樣的，任何工程設計應需同時考慮「工程造價」，也就是施工成本，這裡面除了「業主」之外，並沒有誰有權力作設計變更，因為這會影響工程費用的追加減，也會影響工程品質。

（二）施工規範

《施工規範》也是工程圖說的一部分，對於施工管理、工程品質等有更詳盡的說明。《施工規範》經常會出現與工程圖相抵觸的規定，這是因為設計單位習慣抄襲一些「範本」，而設計人員對於一些法律名詞不熟悉，無法自行修改。

當設計公司交付工程圖、施工規範給業主時，業主最好能檢視《施工規範》一些基本文字，以避免《施工規範》形同具文；或根本窒礙難行。常見的《施工規範》都出現在公共工程或大規模的民間工程，用語上常出現「甲方的傲慢」，並且語意不清，用詞八股。

建築設計與室內設計在設計規範上有明顯的不同，有些工程圖說依循建築設計的慣例，在裝修工程上是不可行的。

建築設計的量體大，所以規定建築師不可以指定廠牌，有些材料的使用也關係到營建成本，這是業主的權利，除結構工程及逃生安全避難依相關法規設計之外，其他的營建工程均屬於業主與營造廠之間的問題。而因法律規定，建築師同時為工程的監造人，為了完整同時執行這兩種矛盾身分，進而出現了這種所謂《施工規範》。

室內裝修設計的施工圖說與建築設計有明顯不同，如果用施工規範做為但書，不是一種很正確的設計圖說。

如果一個裝修工程的設計單位，他的設計圖在用於工程估算時，圖面上對於工法、規格、材料、現場施工管理等工程估算要件不能清楚標示，而要工程承攬單位在每項工程施工之前還要送審材料讓設計單位審核，那原則上這個工程不可能發包的出

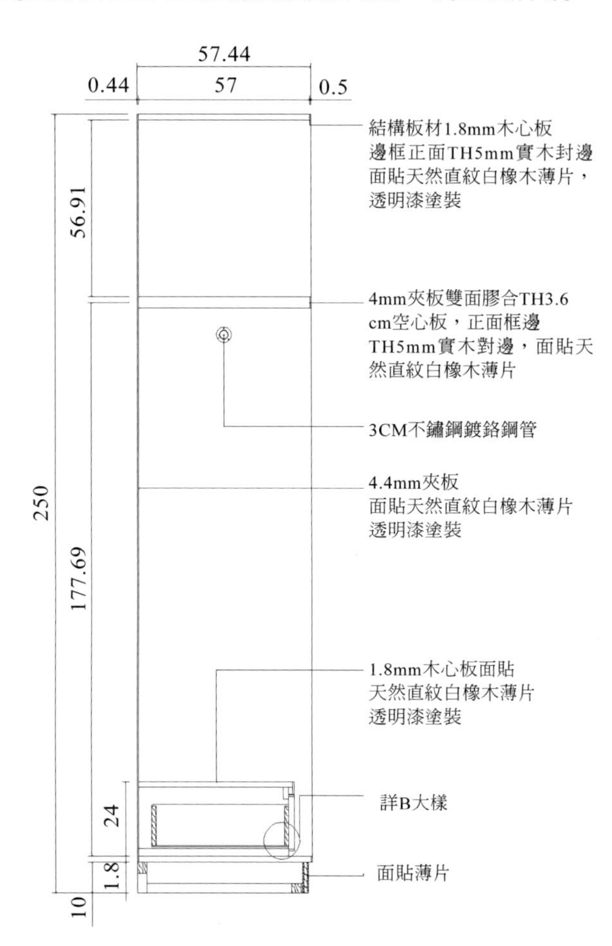

圖8-1-2 施工大樣圖，施工圖應完整標示，如此才能對工程做正確的估算，也才能對工程做合理驗收

去，因為沒有一個工程的承攬人有辦法報價，不然就是將該工程以最高品質要求估算，這都是不可行的。

可行的方法是，工程規範只就承攬資格、施工之人員管理、施工進度、工程之驗收標準之清楚的文字說明，並且是事前規範的。在工程估算之前，這份施工規範的要求，本身是工程施工品質要求的一部分，也就是說，他本身是工程估算的成本的一部分。

8-2　公平的工程合約

有關裝修工程合約應注意的簽約細節，在拙作《當個快樂的裝修主人》一書中，已經有相當篇幅的論述，本節盡量就工程合約的「公平精神」部分做為說明：

裝修工程合約多數會由乙方：也就是工程承攬方擬就與整理，但政府工程則多數由甲方所整理。這是因為整份合約文件需包含很多相關的專業文件及書面，民間工程在整理這部分文件資料，由承攬方整理在專業上較為合理；但在公務行政方面，公務員的責任本來就是負責舞文弄墨，為了保障自己的飯碗，當然會由委任方負責整理。

從合約公平精神的角度去看，合約不論由哪一方提出，理論上應該都對契約雙方是公平的，可惜，只要想跟人家簽約的人，就一定會想簽一個對自己「有利」的約，那寫的人很少能做到公平。

裝修工程或裝修設計委任合約，自從有這個行業始，很多相關公會、學會都一直在推「工程合約範本」，但很少能推出一個真正公平的合約範本。工程合約範本引用錯誤真的會造成實質損失，我舉一個實際案例分析：

在我來現在公司服務之前，公司的工程合約是由公司裡一位擔任過營造監工的設計助理：根據內政部所頒布的《建築物室內裝修——工程承攬契約書範本》——內政部台內營字第1010805614號公告，修改撰寫。在還來不及仔細審閱這份工程契約內容前，公司拿這份工程合約承攬了一份工程。

工程施工到一半，業主出現財務問題，工程必須作中止合約處理，這時才發現，這是一份「甲方條款」的工程合約。這當然會造成對乙方的不利，當我重新檢視這份合約內容文字時，我只能跟公司回報，設停損點，認賠殺出。

內政部的這份所謂的「工程承攬契約書範本」，我仔細閱讀之後，發現他撰寫的基礎幾乎比照《施工規範》。前面說過，公共工程的施工規範，太過保護甲方及監造、設計方；這裡的監造、設計方，是代表甲方立場，可以說，這個所謂的合約範本，根本是公務行政偏袒甲方的文書。

我希望宣導消費者正確保護自己消費權利的同時，當然也不能損害自己同業的利益，所以一直在宣導公平精神。因此不會把自己的同業說成騙子、壞蛋；但同時也希望業主如何避免遇到可能的騙子、壞蛋。

有關內政部的那份工程合約範本，為了避免再有人受害，不再將它列在書中做為附件。

8-3 履約保證的公證單位

我在擔任中華民國室內設計協會常務理事期間，因擔任工程評鑑委員會主委而接觸過一些工程糾紛調解，曾建議協會試辦裝修工程「履約保證」的公證單位，但沒成功。

這個精神其實跟與現在網路購物所推行的「第三方支付」概念有些相同概念。也就是要約的雙方，同時信任一個公正機構，在合約要件裡合乎公證單位的審查，然後甲方將合約標的物的價金，提存於信託銀行。當應付工程款到期時，如果兩方都沒有任何異議，由公證單位通知信託銀行撥付工程款給乙方。

這個方式目前已經有機構在試辦，但還沒辦法推廣全面，其癥結點可能有以下幾點：

（一）對衍生的公證費用不容易達成共識。就工程承攬人或工程委任人而言，被不信任是很不舒服的感覺，何況還要多花一筆錢。如果這筆錢政府能編列預算，執行的可能性會更高；但也可能產生其他弊端。

（二）小規模工程不想增加麻煩。

（三）甲乙雙方對工程秘密不想洩漏給第三者。裝修工程有隱私權的問題，也可能在裝修工程中洩漏委任人的財力隱私、承攬人的專業隱私、也是一個問題。

（四）公證單位的公正力及專業執行力還有待建立。在政府公權力不介入的情況下，民間的公信力及財力都有一定的不足，這也是讓此一構想很難推動的原因。

（五）誘因不足：現階段已經有銀行辦理裝修信用貸款，但好像還是跟「文創」扯在一起，這是可以研究的。

8-4　有告知的義務，也有要求被告知的權力

（一）所謂「工程保固」

在《民法》中，找不到「保固」的法律用詞，一般所謂之「工程保固」，多數延用建築物之交付條件，用於裝修工程確有許多不適用的地方。

常見於工程契約文件的「工程保固」文字，其法律用詞應為「瑕疵擔保」較為合適。《民法》有關這方面的規定，如：

第99條

附停止條件之法律行爲，於條件成就時，發生效力。

附解除條件之法律行爲，於條件成就時，失其效力。

依當事人之特約，使條件成就之效果，不於條件成就之時發生者，依其特約。

無論法律如何訂定，工程契約在不違背法律的情況下，以契約內容為主要的法律要件。

同法第492條：

承攬人完成工作，應使其具備約定之品質及無減少或滅失價值或不適於通

常或約定使用之瑕疵

這條法律用詞很容易讀；但不容易獲得主客觀一致，這也是造成工程驗收困難的原因之一。工程施工完成，在驗收階段，使「約定之品質及無減少或滅失價値或不適於通常或約定使用之瑕疵」這毋庸置疑；但問題在定作人擔心「能用多久」甚至擔心「有沒有被坑」。

同法第493條：

工作有瑕疵者，定作人得定相當期限，請求承攬人修補之。

承攬人不於前項期限內修補者，定作人得自

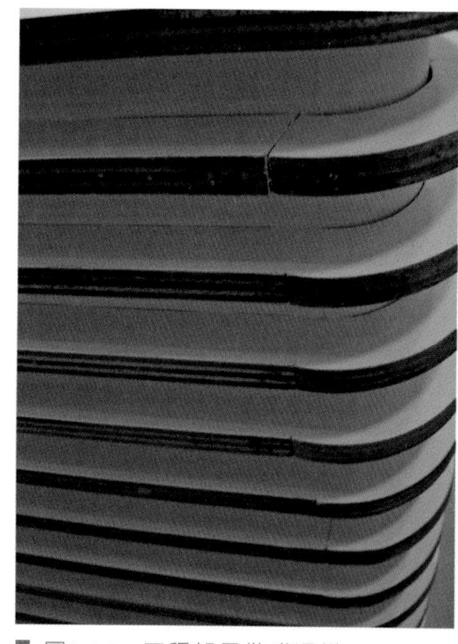

圖8-4-1 工程如果做成這樣，是工程品質的問題，如果定作人找人修復的金額高於原承攬單價，那是不合理的

行修補，並得向承攬人請求償還修補必要之費用。

引用本法條去處理工作瑕疵的事件常可見到，聽到，也常因此而擴大問題。民法之所以有這樣的設計，其法律精神需由法律裁定，我沒有能力解釋法條。但我可舉一件實際發生的案例，供讀者參考，以利爭端順利圓滿處理。

我擔任CSID工程評鑑主任委員期間，處理過法院委辦的一件裝修工程糾紛，這件訴訟案已經在法院審理了六年多了。

原告：承攬人

被告：定作人

訴訟標的：約36萬新台幣

案由：原告承攬被告位於景美一公寓的辦公室裝修工程，契約期間；因定作人認為承攬人有工作瑕疵，故逕行解除契約。工程餘額36萬新台幣，定作人認為承攬人有工作瑕疵，自行僱工修復、改善。在原告提出工程款給付時，以工程修復單據要求扣抵工程尾款。因責任義務釐清問題，造成訴訟。

就單純民法「工作瑕疵」的瑕疵擔保精神，被告已經違法在前。可惜；兩造在法律優勢上處在很不對等的地位，也就造成法官一直無法宣判，造成訟累。

在工程專業上，承攬人為經營家具販賣的業者，本身確有其專業上的不足。在法律訴訟上，原告只能自行書寫訴狀，而被告卻有能力聘任律師辯護，這在訴訟上的優劣勢高下立判。

這只就我們受委任評鑑裝修工程時，看見因工程糾紛訴訟兩造的情形提出一種看法，但在實務的評鑑報告裡，不可能跟法官提出這種看法。關於此一民法法條所造成的案例，下面提出一件審判案例，共讀者審酌參考：

裁判字號：86年台上字第2298號

案由摘要：給付修補費等事件

裁判日期：民國86年07月17日

資料來源：最高法院民事裁判書彙編第29期356-362頁

相關法條：民法第493條（85.09.25）

要旨：民法第四百九十三條規定：「工作有瑕疵者，定作人得定相當之期限，請求承攬人修補之。承攬人不於前項期限內修補者，定作人得自行修補，並得向承攬人請求償還修補必要之費用。如修補所需費用過鉅者承攬人得拒絕修補。前項規定，不適用之。」所謂定作人得自行修補，係以承攬人不於定作人所定之期間內修補，或拒絕修補爲其要件。良以定作人既願訂定承攬契約而將其工作委由承攬人承製，顯見對於工作瑕疵之補完，亦以承攬人有較強之修繕能力，能夠以較低廉之成本完成修補，定作人倘未先行定期催告承攬人是否修補瑕疵，自不容其逕自決定僱工修補；此不獨就契約係締約雙方以最低成本獲取最大收益之經濟目的所必然獲致之結論，且就避免使承攬人負擔不必要之高額費用之公平原則而言，自乃不可違背之法則。

這個判例只單純的解釋瑕疵修補成本，而前面所舉的例子；被告還把一些「修改」行為，全部轉嫁到原承攬人身上。

如修補所需費用過鉅者，承攬人得拒絕修補，前項規定，不適用之。

針對工程之瑕疵，如單純只是工作瑕疵所引起，其工作瑕疵的修補費用不可能超過原承攬造價加拆除廢棄的費用。此一條文很難解釋，所謂「所需費用過鉅者」一詞，在工程上活動上很難成立，除非工程瑕疵轉嫁於非承攬責任。

假設：承攬水電工程，可能因管路漏水，就有可能發生損害賠償的責任超過原承攬價金，在比例上，其修復費用一定超過原承攬金額；甚或就造成所謂的「所需費用過鉅者」，這是很可能發生的。

在實際案例上；承攬樓上工程，導致樓下淹水，如果樓下正好所謂的「奢華」裝修，那肯定發生水電承包商賠償不起的情況。這在民法上屬於「侵權損害」，已經不單純的屬於「瑕疵擔保」的問題。

本條文經請教謝易達律師，所謂「拒絕修補」的定義，應解釋為：修補的費用如果不符合效益成本，得使用新品、重做等方式處理瑕疵擔保的責任，並非只有修補的手段。

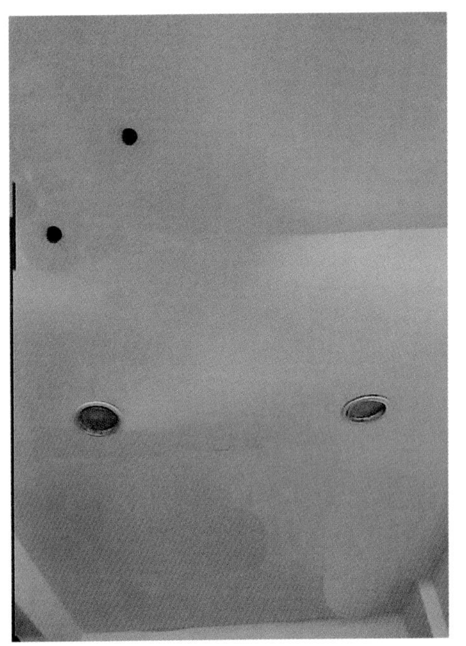

圖8-4-2　圖為氧化鎂板天花板，約在十幾年前出現在裝修市場，但最少在8年前，台北地區就知道這種材料有問題。全省各地還是一直在使用，近年來開始發生反潮、膨脹等問題，這材料上可能會被歸類在潛在瑕疵

第494條：

承攬人不於前條第一項所定期限內修補瑕疵，或依前條第三項之規定拒絕修補或其瑕疵不能修補者，定作人得解除契約或請求減少報酬。但瑕疵非重要，或所承攬之工作爲建築物或其他土地上之工作物者，定作人不得解除契約。

第498條：

第四百九十三條至第四百九十五條所規定定作人之權利，如其瑕疵自工作交付後經過一年始發見者，不得主張。

工作依其性質無須交付者，前項一年

之期間，自工作完成時起算。

（二）潛在瑕疵的擔保責任

潛在瑕疵（latent defect），意指材料在製程前已發生可能危害使用目的、年限或發生品質瑕疵，但仍被出售的商品。

國內常見的購屋糾紛如海砂屋、輻射鋼筋等都可視為潛在瑕疵的一種，原賣屋者都應負相對之責任。這是指營建過程當中，對施工品質管控的缺失，並且在未盡告知義務的情況下，造成受害人購買潛在瑕疵產品的責任。

裝修工程的材料也相對有很多可能造成潛在瑕疵的產品，例如：實木地板、線板的防蟲、防蛀，天然石材的白華產生等。這些可能發生的潛在瑕疵，設計或施工單位有告知的義務；但告知後，如定作人執意使用，其所發生的瑕疵，不可歸責於承攬人。

（三）對於正常工時的認知

工程於特定場所或依據（公寓大廈管理條例）之集合住宅，常發生施工時間管制的情況發生，這對於承攬人的施工成本會產生一定的負擔。如果是常態性的工作規範，屬承攬人應注意的施工估算成本，由承攬人負注意的責任，如屬施工場所特有的管理規定，定作人有告知的義務。

在裝修行業的慣例上，一天工作8小時算是合理工時，在估算施工時程的管理成本與施工風險上，多數用此為基準。在施工時間受額外約束時，會增加工程管理與工程施工的成本，由此而發生的工程糾紛並不少見。

《勞動基準法》於民國73年7月30日公布，同年8月1日施行，至今屆滿30年，基本上是為了保障勞工權益，但這可能也是讓台灣近20年工資不漲反減的主因。在《勞動基準法》頒布之前，台灣的勞工多數休所謂的「大禮拜」或周休，再來是大禮拜休一天半，而後是每周休一天半，現在是周休兩天。

這些休假的變動，牽動最多勞動人口的族群，一直沒被這些制定法律的東西所關心與注意，也沒注意國情不同所造成這些無固定雇主勞工的生計。原本這些無固定雇主的勞工，都是以工計酬；所謂的沒做沒飯吃的一群，勞動基準法根本就沒考慮這群勞工的生計，而之所以有所謂的無固定雇主的勞工；他是行業慣例、特質使然，也是一項傳統產業的勞雇傳統。打破這個傳統，政府沒能力養活這群人；但不能漠視這個傳統的存在。

在我當學徒的年代，遇過一天提供兩次點心的業主，而後，這種優待慢慢式微。這是傳統工時改變的結果，不可謂人心不古。

傳統工時為所謂的「日出而作；日落而息」，這代表他的工作時間為「一整日」。因為工作時間長；因為工作酬勞以「工」計算，業主為了工匠有好的工作績效，所以會主動提供補給，讓工匠保持體力。這跟現代有些工匠會在工地喝提神飲料有異曲同工之妙；差別的是，現在的工匠是自己晚上太晚睡，導致第二天沒精神。

現代式的工時計算方式是一種很落後與不長進的行業慣例，這導致一種不公平的齊頭式平等，也讓一些工匠用比較心產生怠惰。在古代；工匠的技術是有分級的，光是木匠，就可分成：大匠、劃線匠、裁切匠、工匠、半匠、學徒。工作時間一樣；但工資與工作內容不一樣。

在宋．《營造法式》一書中，對工匠一工所應施作的施工進度就有標準規範。就工時標準而言，因日照時間而分成長功、中功、短功。依據長短功不同的工作時間，規範出每種工匠等級應有的工作效力。

那個年代，承攬營造工程只是一種責任，沒有虧損的問題，工匠的施工品質取決於業主對待工匠的態度。這裡說的是「施工品質」，一個合格工匠，他至少在施工效率上要達到標準。

回歸正題，對於所謂正常工時，這裡有些是專業承攬人需具有的專業知識；有些是業主在工程發包時需有告知義務的，因為這些對工程成本的影響很大。以下就一些影響正常工時的特殊工作場所及因施工管制；而影響正常工時的情形，做一個大致的分析：

1. 需配合營業時間的工時

例如百貨公司的專櫃裝檯作業，除了不常承攬專櫃工作的承攬人，百貨專櫃的裝檯作業時間管制，有一既定模式，多數的承攬人會注意這個進退場管制。工作地點的特別管制如果不是常態性的，發包人最好先儘告知義務，不要影響工程施工成本之估算。

2. 進退料管制

有些園區廠辦會有一些進退材料的地點、進出時間管制，這些管制會影響正常工時成本。最常發生不預期的進退料管制是一些集合型住宅，會管制上下材料的地點、時間及電梯之指定使用，這也會影響正常工時成本。這些不合理的管制規定，很多都是管委會自行制定的單一法規，定作人發包工程時，最好先盡告知義務，不要隱瞞，避免造成開工後因施工成本增加而不愉快或糾紛。

圖8-4-3　百貨專櫃的裝櫃時間有明確的規定

另外像是雲林某一大型石化業工地，工地管理人員為了工地管理之方便，材料只能進，不能出，用不完的材料只能丟在廠區，這一定會造成施工成本的增加。

3. 工作時間管制

工作時間管制最熟習的場所應該是展覽場館，這是在施工估算時可預見的工時成本，他的施工管制甚至上網就可以查得到。最不可預期的非正常工時，是集合型住宅的施工管制，很多都是工程承攬後，向管委會辦理施工登記時，才知道施工時間管制規定。

前面說過：現代式的正常工時，是以一工8小時作為計算基準，正常的作業時間是早上08：00～12：00，中午休息一小時，下午13：00～17：00下班，合計8小時為一工。戶外作業工程如樣品屋，夏天作業時間有可能調整為早上07：00～11：00，中午休息三小時，下午14：00～18：00，一樣合計8小時為一工，這些作業時間均屬正常工時。不合理的非正常工時，是指場所管制工作時間，合計無法一天工作8小時，這會嚴重影響施工成本及施工管理成本。

一般的集合住宅裝修工作時間多數為早上08：00～12：00，中午休息一小時，下午13：00～17：00下班，這算合理管制。部分可能要求早上08：30之後才能工作，這已經算不合理工時。新竹有某一空軍眷村改建的集合住宅，規定早上09：00～12：00，中午需休息3小時，到下午15：00～17：00才能施工作業，原因是很多退休老人需要午休。

圖8-4-4　展覽場館也會有完整的施工規定

當正常工時8小時被減縮為5小時，這當中的工資成本會增加3成左右，又加上周休二日，勢必延長施工期限，又會增加施工管理成本。這種特殊的管制規定，定作人在發包之前，有告知的義務，因為這不是專業知識上所應負擔的特殊狀況。

玖、如何用雙贏的方法處理裝修工程糾紛

9-1 裝修工程糾紛發生的可能性

多年前還在CSID擔任常務理事時，就一直聽說司法改革正在推動「專業法官」的陪審制度，好像也還在推動中。

圖9-1-1 這個專櫃的工程品質曾出現嚴重瑕疵，但問題出在設計公司與工程承攬人，在專業處理上是可以不用走到上法院那一步的

自古以來：百姓都有一種打死不告官的潛在意識，所以有關民事糾紛，能不進衙門就盡量不要進衙門。事實如此：在我所知道的幾件工程糾紛案件，很少有一件案件能在法院快速審理，也很難能有一個圓滿的處理。這也不能苛責法官審理太慢，而是確有專業上的不足，縱使他有心做一個公正的裁決，不見得就認識足以信賴的專家諮詢。

裝修工程一般都會有工程合約，其中有很多中止合約的時間點，但發生工程糾紛而告官的案子，很多都會在工程已經完工之後，這時候告官不一定是好時機。就經驗上而言，裝修工程最常發生的工程糾紛如下：

（一）承攬人不履行合約

承攬人在承攬工程之後，可能不履行合約的情況有：

1. 承攬人的施工能力

承攬人沒有能力履行，可能因財力、人力、物力不足，無法履行合約，這種情形一發生，最好的方法是馬上終止合約，再尋求救濟管道。

2. 估算錯誤

工程估算錯誤而無法履行合約的情形常有出現，更有可能是故意低價搶標。部分不肖廠商故意不如期開工或開工後故意怠工，目的是為了從新議價或因估算錯誤而不履行合約，這都應立即解除合約。

3. 物價波動的影響

建材突然在一夕之間波動超過30%的情形，在民國80幾年曾經發生過。裝修工程因工期短、建材物價穩定，很少會考慮建材物價波動，所以一般不會像營建工程，將此一可能影響施工成本的因素載入工程合約當中；但卻有可能發生。

最有可能發生的情形是對建材價格的誤判。

（二）工程進度延誤

工程進度發生延誤的狀況很容易由施工進度表及合約內容判斷，在進度上如果發生小誤差，可提醒承攬人追趕進度即可；但如果發生嚴重延誤，他可能是：

1. 市場缺工嚴重

民國79年的二月份，台股當時來到歷史最高點位置，也就是12682點，當時也是大家樂最盛行的年代。這段時間市場幾乎很難找到工匠，那是一個承攬工程很危險的年代。

圖9-1-2　如果裝修工程這樣延誤，就不好談了

2. 承攬人的商譽有問題

可能因經常積欠工資，導致募工困難。因傳播資訊發達，這類的訊息開始會在fb或媒體給公開。除非用假名，不然一上網就能查得到。

3. 材料準備不足

可能是材料短缺，也可能是進貨有問題。工程的進貨能力跟工程契約的付款與承攬人本身的財力與信用度有關。如果不是那種作完才給錢的合約，一般的付款日都足以應付當期貨物價款，其他因素很難在這裡一一說明。

圖9-1-3　每天工地只見老闆不見工匠，那一定永遠做不完

另一種材料準備不足的情形，可能是發生特殊狀況，例如使用期貨。有些裝修材料是小衆市場，代理商不可能屯積實品貨物，而是以期貨販售。在貨物的運送過程當中，就有可能發生不可預期的問題。

4. 施工能力不足

可能是協力廠商的問題，也可能是施工管理能力出問題。

這種階段解約是一件很複雜的問題，但解約也是一種方法，如果承攬人也知道自己沒有能力繼續施作，或者是一個很好解除合約的時間點。

5. 設計圖說不完整

這是常發生的事，主要是開工前設計圖說不完整，又可能邊做邊改，設計者在進度上配合不及或是沒有能力配合。這不能歸責於承攬人。

（三）定作人不履行合約

定作人不履行合約的可能性有：

1. 未如期給付工程款項

該如期給付的工程款未如期給付，總有一種把錢抓在手裡才放心的心態。

2. 延誤給付

最常見的理由是會計部門的行政流程，這個理由：就承攬人而言，那是你家的事，真因此造成合約糾紛被告上法院，你拿這個理由去跟法官講。

其他還有最近股市跌、沒標到會、定存要過幾天才能解約、老婆二姨媽的舅舅住院，這些有的沒的理由，但業主因為這樣而耽誤每日三餐或拉大便嗎？

3. 給付刁難

工程進度計算拖拖拉拉，延遲驗收、刁難工程品質、藉詞不給付工程尾款。

4. 工程追加不認帳

故意隱瞞本工程項目或數量，工程中一再追加，然後工程完工後死不認帳。

（四）工程品質瑕疵

裝修工程品質瑕疵的認定並不困難，困難的是「工程品質」的認定。這個問題，只能靠一種善意去處理，不然很難有好的結果。

圖9-1-4　這個空間的高度將近5米半，他承攬的天花板單價一定不會跟住家3米高是一樣的

對於工程品質的要求，最好是「言明在先」，不要工程發包時是一種說法，工程驗收時又是另一種主張。不要用「我認為」、我「朋友家」那樣的標準驗收。你的認為在工程發包時可能沒說清楚，你朋友家的天花板發包單價可能也跟你家不一樣。

9-2　如何認定責任歸屬

（一）尊重民法精神

《民法》開宗明義是這樣說的：

第1條　民事，法律所未規定者，依習慣；無習慣者，依法理。

第2條　民事所適用之習慣，以不背於公共秩序或善良風俗者為限。

誠然；民無信不立，無法亦不能立。不論任何人對法律多麼嫻熟，除了法理，還有天理、還有人情。

食衣住行；有關民生的契約行為，無時無地的在生活周遭產生，任何雞毛蒜皮的小事，都要動用官府主持公道，那就不用活了。就裝修工程的承攬慣例上，在承攬關係上是一種善意行為時，他基本上只是在履行一種習慣，而這種習慣是建立在善良風俗的基礎上。

把定作人假設成故意不付錢的壞蛋；跟把承攬人假設成不專業的詐欺犯，這都不是善良社會常發生的工程行為。我要講的是，兩造對於民法精神應有的認知。

如果契約可以很容易的完備簽定，那民法也不用一開始就強調習慣，這就是讓契約產生「看似」有法律漏洞的原因。工程契約之所以盡量用簡要的條文，而不是用一大堆的專有名詞去規範，是因為雙方除了尊重法律之外，還相信人格、專業及行業慣例等習慣。

（二）如何讓工程認知差異用最簡單的方式處理

如果法院是處理工程糾紛的方法，還是希望那是最後的手段。在面對一件委任或受委任的合約時，一定先相信對方的誠信，對於那些不遵守法律與誠信的定作人或受委託人，他本身就不是善良風俗可以規範，這部分無法討論人性的特質，只能就善意的兩方，面對的是一種過失、意外。如果對行業專業能有一些了解，在很多歧見上可以有好的溝通，那處理工程糾紛還有很多的管道：

1. 相信服務業的服務本質

裝修業是一種很特殊的服務業，在拙作《當個快樂的裝修主人》一書中，曾就本業與服務業的相似特質做過以下的分析（部分節略）：

所謂「服務」有四大特點：無從觸及（Intangibility）、容易消失（Perishability）、非齊一性（Heterogeneity of the product）、和生產與消費（消耗）（Simultaneity of production and Consumption）同時出現。

裝修工程是一種高成本的服務性行業，他必須提供服務標的中高比率的材料成本、工資成本、專業養成及施工管理成本，並且不可能只是一次性的消費服務。

在使客戶滿意為最高服務原則的行業精神下，他有成本的考慮，不可能無限制的滿足客戶的所有要求。

2. 工程品質的認定

工程品質的問題大致出現幾種問題：

(1)材料品質

材料品質出問題在工程糾紛上是最好處理的一種，只要有心處理好。

約二十年前，朋友介紹一個辦公室的裝修工程。主要的隔間材料原本估用日本製的麗仕NEWLU×矽酸鈣板，這是整個辦公室裝修工程最大的施工項目。業主經費不足（或是有其他考慮，不知道），在項目、數量都無法調整的情況下，改使用石膏板為隔間材料（石膏板於隔間使用應用很廣），最後總價滿足於業主的工程經費。

在簽約前，業主又要求希望把石膏板改成矽酸鈣板（這是業主對施工材料的錯誤印象），我提出使用台製的矽酸鈣板替用，讓價差減少，這達成工程合約。

矽酸鈣板是在20世紀70年代在美國被發明，但一直到90年代，因環保及公共安全議題的發酵，而被廣泛的應用在裝修工程上。就技術層面上，當時的台灣在研發矽酸鈣板的技術上，還在起步階段，品質當然不可能與日本的先進技術相比。

這個工程完成塗裝工程之後，經業主驗收，沒問題。但在業主準備搬遷作業時，材料品質出現了問題；問題很嚴重。一進辦公室，很容易就看見牆壁呈規則的波浪狀，而地上有被材料變形推開的PVC踢腳板。

當然沒有人能忍受這樣的辦公環境，問題一定要處理，這包含我的誠信與商譽。不論我的工程尾款比這個問題少很多；但這就是服務業應有的工作態度。我首先必須跟業主確認一件事，這不是我偷工減料的結果，業主承認。再來；我跟業主討論瑕疵修復的原則，業主要求讓辦公室回復原始裝修目的的整齊及使用功能即可。

我請協力廠商找來材料供應商，讓材料供應商確認自己產品的瑕疵，並商討損害賠償的問題（這不是單純材料瑕疵的問題）。我提出使用一層石膏板覆蓋，然後重新做塗

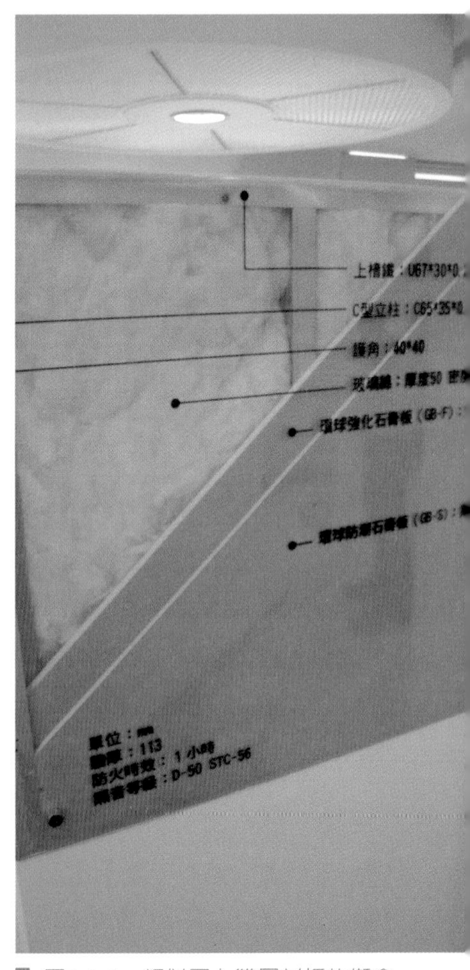

圖9-2-1　類似圖上雙層封板的概念

裝處理，費用若干，獲得業主與材料供應商的同意，而順利解決這件工程瑕疵。

在這過程當中，相信讀者可以看見幾個理性及負責的人：

①業主：定作人需承認自己對工程施工材料要求的責任，使用此一材料（產地及品牌），在品質上有一定的界別。如果瑕疵一發生，定作人就一昧的想推卸責任，一定很難有好的溝通及結果。

②承攬人：裝修工程的承攬人一定都希望把自己的工作做好，這不是只有錢的問題，是用專業證明一種服務性行業應有的負責精神。

③材料供應商：材料供應商有負責精神，在客戶提出的損害賠償要求上，不逾越應有的商業責任，讓客戶能圓滿的服務客戶。

我舉這個例子，主要是表達，只要是善意的溝通，只要兩造都是真心處理工程糾紛；更不要趁機刁難，他不會很複雜。

(2)施工品質

施工品質並不是漫無標準的主觀意識，會因工程的估算要求，而造成一種工程品質的產生。不同的品質要求，會產生不同的估算值，當然也就會產生不同的品質。所謂「細膩度」，他在不同施工標的、使用不同的材料、使用目的，都會有不同的結果。

我舉近幾年最風行的「塗裝木皮板」為例：分析不同材料應用，因材料特質、因工法的影響，對施工品質與工程估算所造成差異。

在住宅工程的材料應用上，我一向不主張使用所謂的「塗裝木皮板」，這種木皮板其實已經存在很久，並不是新興材料。所謂的「塗裝木皮板」，是木薄皮黏貼於夾板後，塗裝面先於工廠加工完成的敷面材料。這種塗料多數為化學架橋的硬質塗裝，可以達到「防焰」效果；但不耐碰撞，損傷無法修補。

塗裝木皮板有兩個施工方法：

①企口（插嘴），在直角接合的地方，利用銳角工法，將兩片做密合黏貼。這會產生很銳利的接合角，並且不能消除，會讓完工品質有瑕疵。

②不織布修飾，不織布一樣也是塗裝木皮，一樣不能「倒角」，施工完成一樣會在接合處留下銳角，或留下一邊不明顯的材料痕跡。

在這因材料施工特質所留下可能瑕疵下，只能靠所謂的修補筆去修補一些瑕疵，這些瑕疵是必須被容忍的，因為他不能算是施工瑕疵。

傳統的仿實木工法，是先將造型完成然後再貼黏薄皮，而後部分使用木皮板，再以薄皮修飾，然後再進行塗裝。在使用材料不同的情況下，也會使用不同的工法，其工程的估算值不一樣，也會使工程品質產生不同的結果。

圖9-2-2 塗裝木皮板應用在商業空間有他的合理性；但不用追求名牌

木皮板與木皮塗裝板，價差只在於塗裝面，4′×8′的塗裝板，塗裝價值約為1,500元，相等於一才透明漆塗裝為1,500÷32＝46.88元。相對於現場透明漆塗裝施工單價最少150元起跳，兩者的施工品質就不能相比。（舉例單價不屬市場行情）

這裡必須強調一點，使用木皮塗裝板有木皮塗裝板的估算單價與項目，使用傳統工法有傳統工法的估算方式。木皮塗裝板雖然表面是一種塗裝材料，但在工程估算上，不應該再出現塗裝的估算項目，不然；就容易引起工程驗收的品質糾紛。

有些工法與材料只適合商業場所，不能用在住家工程，但所謂的商業場所，也有等級之分；高級餐廳是一種等級，普通的餐廳又是一種等級，小吃店又是一種等級。當你的工程標的設定為一定的等級，工程設計會針對不同的等級設計不同的材料，工程估算也會針對不同的等級要求去設定可能的工程品質而估算，這當中都不能認知差異過大。

3. 施工管理

工程進行當中發生的糾紛，多數發生在施工管理上。營造工程的施工管理是一門專業工作，光這門學問已經不知有多少的專業論著。可惜；很多人只是用「規定」的角度去看這個問題，而忘了還有人性的問題。很多的施工規範，因為忘了人性，往往讓所謂的施工規範形同具文。

很多工地，當一進門之後，才會發現他有一些規定「不尊重人」。很多規定，忘了工匠是一種專業身分，用一種幾近蔑視的規定規範一個專業人格。光是這個規定，就足以造成工匠的不悅，可能讓管理階層一開始在安撫匠師情緒上就是一番工夫。

匠師的養成有其工地文化素養在，不敢說所有的養成過程都是優秀的，但那是技術養成的一部分，會有一定的知識在，但很少獲得應有的尊重。以前的集合住宅管理，多數是由管理委員會找來退休的軍公教人員充當，管理職責由管理委員會交辦。現在的「看門的」，一開始由建築公司委任，也不知是為了假充高級；或是狐假虎威，針對人家辦理施工登記，就可以設一大堆的管制要求。

圖9-2-3　有時應考慮對工匠自我管理的尊重

不知道從什麼時候開始，業主留一個停車位給裝修人員使用，竟然被要求停車位的地板也要先鋪上保護板。不知道這是誰給管理員權力的：

(1) 產權已經點交，停車位一樣屬於私人產權，管理員有權干涉？

(2) 難道裝修完成之後，業主自己的輪胎就不會損害停車位的表面？還是因為輪胎品質不一樣？

管委會成立，為什麼一些原有的「物業管理」人員不會被換掉？因為現在的集合住宅的管委會，本身就是一個有問題的組織，有心人想掌握這個權力。在我們工作過程當中，被這些把自己當成守衙門的東西刁難，已經不是一次兩次，但業主很少知道，因為承攬人都不想造成業主的困擾。

施工管理上，最常見的是業主方的施工規範；尤其是公共工程。大致上就是：不能喝酒、抽菸、嚼檳榔、未戴安全帽及一些工作上的安全行為，這都不能算過分；但這有尊重人性嗎？

工作時間喝酒當然不行，這沒得商量。抽菸，如果影響工作的質量，那是雇傭間的關係，如果是安全上的事，那跟「動火工程」一樣，是需有規範，不能完全禁止。嚼檳榔？這真奇怪，只要不亂吐檳榔汁，這個行為干你屁事，為什麼不學新加坡，連口香糖一起禁了。

你自己工作時會利用咖啡提神，為什麼就有權力規定別人不能用自己的方法完成自己的工作，這種不尊重，是會讓工程品質產生瑕疵原因之一。再者；真的看過「狗與工人不得搭乘本電梯」這樣的公告。

一個負責任的工程承包商，在工程承攬上，他的責任一定包含施工人員管理；因為這也關係施工成本。但人有才智平庸，不能把人當物的管理。業主要的不是這個過程，也沒能力管理這個過程，不需要干涉太多。

4. 工程驗收

工程驗收不要出現權力不對等的情況。

所謂「權力不對等」：是指發包者、工程管理與驗收人員不同一人。

裝修工程的估算一定依據圖說及要約人的口頭說明，這在溝通上達成一定的共識，才能完成合約。但在工程驗收上，如果驗收的人不是原先簽定契約的人，這很容易產生工程品質的驗收誤差。

我舉一個簡單的例子：

我在桃園承攬一個餐廳的裝修工程，我簽約的對象是投資這間餐廳的母公司，在簽約前，很多工作細節的討論對象也是母公司。簽約的條件一定是依據與母公司負責人員相討論而確定，包含工程契約。

當工程達到完工階段，可能的權利會轉移給經營單位，這時候；經營單位會準備接收營業標的。如果工程驗收由營業單位接手，那一定出現工程品質糾紛，他要的是工程品質；但不知道當時工程發包單位的工程發包標準。

我當然可以要求驗收人員應由當初發包人員相同，但「遷就」是另外一回事，如果「遷就」，可以圓滿處理工程驗收，那無所謂；但很少是這樣的。如同我前面講的；不同的材料、使用不同的工法，會有不相同的工程費用，當然工程品質也不會一樣。

幸運的是，負責工程驗收的人在工程設計與施工階段，均有參與其中，在工程施工階段，就已經陸續修正部分使用需求，工程品質的部分在工程估算時，均已提供完整說明，驗收還算順利。

如果負責驗收的人沒有參與設計、工程估算、施工等階段，很可能產生對施工品質的認知差異。他可能會有下列的情形發生：

(1)求好心切

為了邀功、為了表現能力，對施工品質要求與工程的估算值不相等。更可怕的是，根本沒有法治精神。

(2)拿著雞毛當令箭

有這種心態的人做工程驗收工作，根本無法溝通。他只相信自己的權力，認為自己是擁有

圖9-2-4　商業空間不就是求得這樣賓客如雲嗎？

生殺予奪的八府巡按，認為自己的主張有不可懷疑的權力。

(3)用單一品質的印象做驗收標準

很大的可能性是自己家裡裝修過，然後拿家裡的裝修品質做標準。或是曾經去5星級飯店吃過飯，認為別人可以做到這樣的品質，你為什麼不行？至於原本的承攬價，他認為不干他的事。

(4)民法的契約精神

民法對於契約的成立，不單以文字為依據，可能在施工過程中會有一些口頭指示、默契，有可能會變動一些施工項目的數量，換取其他工程的品質。這些沒有出現在原始契約書面資料的相關約定，這些約定可能是驗收人員不清楚的。

(5)授權的範圍不足

工程的驗收會關係到工程的追加減帳，工程品質的改善如果超出原約定的工程估算值，一定需要商量改善的工程費用。如果驗收人員只負責「要求」，沒權力「答應」，或者答應的事是不被業主端承認的。這種「管殺不管埋」的土匪身分，可能會讓工程驗收不會很愉快。

9-3 不要有「甲方」或專業的傲慢

俗話說「一個銅板拍不響」，誠然的，工程糾紛不會只是業主單方面的問題，所以，這裡要討論甲乙雙方的心態問題。

常聽過一句話「整桶的不響，半桶的響叮噹」，放在普世的人性裡，還真的屢試不爽。不論甲乙雙方，經驗代表一切，越是對工程專業能有信心掌握的，越是容易溝通，反之；則容易虛張聲勢。

在委任與承攬的關係當中，最不想見的事是：業主有付錢是老大的心態，而受委託人假裝大師的情形發生，但可惜這種事在這個行業很常見。有人難得買房子，既然付錢找人設計服務，不表示自己是老大好像會死。正好也有人投人所好，不裝得跩一點，好像人家就不買帳。當這兩種傲慢的人碰在一起，定會煙花肆放。相信很多人都不想承受「傲慢」的評語，但可惜都會做出傲慢的事。

所謂甲方的傲慢，具體的說，就是認為花錢的是老大的心態，這種人在社會上不乏存在。更具體的說，有些業主，會不屑把我前面分析材料、工法、施工條件與環境影響施工品質的話當真，認為自己花了錢就有權力無限的要求自己想要的東西。

圖9-3-1　讓好菜上桌才重要，不是嗎？

另外，傲慢的甲方容易陷入一種迷思，就相信大牌。相信雜誌報導過的、相信得過獎的或相信看起來「像」設計師的。我一直很遺憾自己不懂得把自己打扮得像個「室內設計師」，更慘的是，很容易讓人誤會我是流氓。這不能怪我爸爸把我生得不好，是我自己培養不出那種氣質；但我有那種專業（裝修工程的設計與施工管理專業）。

我在讀復興美工的時候，老師告誡我們；讀美工的人，連作夢都必須是彩色的。這句話，多年來我不敢或忘，連穿衣服都想穿出彩色的人生。有一次跟同業出差大陸，看見有些男人特別帶個包包，我問同業；男人出門幹嘛還要背個包包？這位同業回說，你肚子裡有東西，你可以隨時帶得出門；但有些人肚子沒東西，所以必須用背的。

這是一種令人遺憾的現象，你傲慢；別人也會用傲慢對待你，因為你不尊重專業，所以；專業可以變成一種假象。當隨性穿著衣物的設計師，沒有在你印象中形成一種專業風格，設計師只好隨著流行改變服飾，讓自己像個設計師。

當所有設計師都認為把自己裝扮成一身黑，才夠酷，才能唬住業主，這就是業主幫助專業傲慢的開始。因為：不是穿黑衣服的人就是夠專業的設計師；黑道的小弟去送葬時，通常也是穿得全身黑。

附表1　建築物營造成本等級預算表
（僅供參考，非市場行情）

單位／坪：元

	最高級	高級	中級	普級
基礎	地下室、連續壁、停車場	地下室、連續壁	基礎開挖	基礎開挖
	250000	15000	7000	5000
建築結構	耐震鋼骨鋼筋凝土造	鋼骨鋼筋混凝土造	鋼筋混凝土造	加強磚造、C型鋼、H型鋼
	35000以上	25000以上	20000以上	15000以上
外牆體結構	20CM鋼筋混凝土	15CM鋼筋混凝土	1B紅磚砌磚牆	三明治輕隔間
	16000以上	12000~15000	5000~10000	5000以下
門（樘）	雕花鋼木門	雕花鋼門	門中門	硫化銅門
	100000以上	6~100000	3~60000	15000以下
窗	安全可潰式氣密窗	景觀氣密窗	氣密窗	鋁門窗
	15000以上	6000~13000	3000~6000	3000以下
節能	節能隔音玻璃	眞空玻璃	強化玻璃	清玻璃
	10000以上	4000~8000	2500~4000	1500以下
衛浴設備	進口高級品牌	進口品牌	國產品牌	東南亞進口
	20000以上	10000~20000	3000~10000	沒有行情
外觀材料、防水、鷹架	原石、清水模	崗石、大理石	磁磚、岩板	砂漿粉光
	35000以上	18000~30000	10000~15000	10000以下
設備	消防	升降	煤氣	保全系統
	5000以上	5000以上	2000上下	沒行情
水電、弱電	智能宅	高等級	一般級	
	20000以上	10000上下	6000以上	
景觀造型（可能增加成本）	巴洛克、洛可可	文藝復興、新古典	歐式	台式
	25000以上	15000以上	5000~10000	基本費用
地板	實木地板	石材地板	拋光石英磚	地磚
	100000上下／台灣扁柏／泰國柚木以上材質／厚度3CM以上	25000~100000	10000上下	8000以下
建築設計	外國的	大師級的	建築師	建照
	沒行情	高於行情	行情價	沒有行情
其他	雜支			
	視情況而定			

特別聲明：

1. 本表所列單價均非市場行情，僅供工程品質級距之參考，不得作爲工程估算依據；或工程費用之主張。本表所列任何數字符號，不作任何公正行爲之證明使用。
2. 本表所開列之任一項數字，僅代表爲一種符號，與任何幣值無關。
3. 任一項數字符號後面所標示之「以下」，不代表其前面符號之數字不會更高。
   舉例：外牆體結構：三明治輕隔間：5000以下，因可能建築高度、施工面積的影響、材料的材質與廠牌效應，會讓5000這個數字變得更高。其他品項亦同。
4. 任一項數字符號後面所標示之「以上」，不代表其前面符號之數字不會更低。
   舉例：門（樘）：雕花鋼木門：100000以上，門使用「樘」爲估算單位時，代表在同一個門框內的門組，所以有可能是單開門、雙開門或子母門，均會影響工程造價。單開門普通廠牌的鋼木門，其單價可能低於100000。其他品項亦同。
5. 任一項數字符號後面所標示之「上下」，沒有上下之限制。
   舉例：地板：實木地板：100000以上，本數字符號是以台灣扁柏／泰國柚木等高級等以上材質，材料厚度3CM以上、寬度30CM以上、長180CM以上之上材實木爲估算值，並非所有實木的地板工程值。例如：無塵實木企口地板，因材料規格價值不同、施工方法不同，可能只會出現10000上下的數字符號。其他品項亦同。
6. 任一項數字符號後面所標示之「XXX～XXX」，不代表其前後面符號之數字不會更高或更低。
   舉例：衛浴設備：進口品牌：10000～20000，衛浴設備因設備需求規模的不同而影響工程造價。同樣的建築面積，可能出現一間～三間的浴室，可能不設置浴缸，也可能設置按摩浴缸，其所可能發生的工程值不會只因廠牌而變動。其他品項亦同。
7. 任何工程品質所可能產生之工程價值，會因工程規模、施工位址、材料、材質、工法、場牌、施工管理、承攬商之商譽、造型風格……等有關，工程承攬價以期工程標的之施作目的爲準。

附表2　裝修工程與材料成本預算表

（僅供參考，非市場行情）

	最高級	高級	中級	普級
造型天花板（不含實木裝飾面）／坪	曲型、巴洛克線板	曲型、白木或高密度線板	間接採光造型	複式造型
	12000以上	8500以上	6500以上	5000以上
平頂天花板／坪	木角材／矽酸鈣板	木角材／夾板	暗架／矽酸鈣板	明架輕鋼架
	4000~5000	2800~4000	2000~3000	800~1300
分間牆／坪	紅磚/粉光	白磚	化妝板隔間	輕鋼架隔間
	7000以上	4000~6000	4000~6000	3000~5000
壁板、造型牆／坪	複式／實木	複式／仿實木	平面壁板／角材	直舖壁板
	依材質	5000~10000	3000~5000	1200~以上
櫥櫃／尺（固定，以衣櫃論）	實木／手工	仿實木／手工	仿實木／機製	系統家具
	15000以上	8000/20000	7000~10000	沒行情
流理臺／CM／上下櫃	德國進口	進口品牌	國產知名品牌	一般
	依品牌	350~以上	250~350	180~250
流理台設備／爐具、排油煙機、洗碗機、烘碗機…	德國品牌	進口品牌	國產	國產雜牌
	依品牌及選購數量			
空調（品牌）／坪	第一品牌	第二品牌	第三品牌	不入流
	7000以上	6000以上	5000以上	5000上下
空調（功能）／坪／約增加／相加	變頻	冷暖	吊隱	壁掛
	4000上下	2000上下	2000上下	基本規格
燈具／坪	奧地利水晶燈	水晶燈	情境燈光	照明燈光
	更沒行情	沒行情	1000~以上	1000以上
室內配線	舊屋翻修／全換	舊屋翻修／抽換	插座／燈具開關／燈具線	燈具線
	4000以上	2000~3500	1000~2000	1000以上
透明塗裝／才	鏡面鋼琴烤漆	鋼琴烤漆	優麗旦	NC透明噴漆
	350以上	250以上	250上下	180上下
色漆塗裝／坪	環保漆	乳膠漆	水泥漆	
	2000以上	1200~1800	600~1200	
窗簾／碼	智能設備	織錦／天鵝絨	緹花／編織	印花布
	沒行情			
材質／才	實木	石材	木心板	文化石
	依材質	依材質	約30	約200

特別聲明：

1. 本表所列單價均非市場行情，僅供工程品質級距之參考，不得作爲工程估算依據；或工程費用之主張。本表所列任何數字符號，不作任何公正行爲之證明使用。
2. 本表所開列之任一項數字，僅代表爲一種符號，與任何幣値無關。
3. 任一項數字符號後面所標示之「XXX～XXX」，不代表其前後面符號之數字不會更高或更低。

   舉例：平頂天花板／坪：明架輕鋼架：800～1300，在實際的市場行情上，有可能出現更低的數字符號。其他品項亦同。
4. 任一項數字符號後面所標示之「以上」，不代表其前面符號之數字不會更低。

   舉例：空調（品牌）／坪：第一品牌：15000以上，單位冷凍噸的需求，會影響空調設備的設置量，當單位需求在這個値以下時，他會低於15000符號數字。其他品項亦同。
5. 任一項數字符號後面所標示之「上下」，沒有上下之限制。

   舉例：透明塗裝／才：NC透明噴漆：180上下，透明漆之塗裝作業，會因品質要求不同而產生不同的工序，可能只施工一底一面，他不符合最基本的施工作業程序，所以工程値就會低於180很多。其他品項亦同。
6. 任何工程品質所可能產生之工程價值，會因工程規模、施工位址、材料、材質、工法、場牌、施工管理、承攬商之商譽、造型風格……等有關，工程承攬價以期工程標的之施作目的爲準。

國家圖書館出版品預行編目資料

安心的委託裝修工程：中古屋翻修與裝修材料的選配／王乙芳著.--初版.--臺北市：書泉,2015.11

面： 公分

ISBN 978-986-451-024-5（平裝）

1.建築工程 2.施工管理 3.建築材料

441.52 104015385

3M75 安心的委託裝修工程：中古屋翻修與裝修材料的選配

作　　者 — 王乙芳　著(16.5)

文字校對 — 馬蕾茵、黃瀞賢

發 行 人 — 楊榮川

總 編 輯 — 王翠華

副總編輯 — 蘇美嬌

責任編輯 — 邱紫綾

封面設計 — 果實文化設計、簡愷立

出 版 者 — 書泉出版社

地　　址：106台北市大安區和平東路二段339號4樓

電　　話：(02)2705-5066　　傳　　真：(02)2706-6100

網　　址：http://www.wunan.com.tw

電子郵件：shuchuan@shuchuan.com.tw

劃撥帳號：01303853

戶　　名：書泉出版社

經 銷 商：朝日文化

進退貨地址：新北市中和區橋安街15巷1號7樓

TEL：(02)2249-7714　　FAX：(02)2249-8715

法律顧問　林勝安律師事務所　林勝安律師

出版日期　2015年11月初版一刷

定　　價　新臺幣400元